村镇供水行业专业技术人员技能培训丛书

供水管道工3
村镇供水给水管道的安装及运行管理

主编 尹六寓

中国水利水电出版社
www.waterpub.com.cn

内 容 提 要

本书是"村镇供水行业专业技术人员技能培训丛书"中的《供水管道工》系列第3分册，详尽介绍了村镇供水给水管道的安装及运行管理。全书共分2章，包括村镇供水给水管道的安装、村镇供水给水管道的运行管理等内容。

本书采用图文并茂的编写形式，内容既简洁又不失完整性，深入浅出，通俗易懂，非常适合村镇供水从业人员岗位学习参考，亦可作为职业资格考核鉴定的培训用书。

图书在版编目（CIP）数据

供水管道工. 3, 村镇供水给水管道的安装及运行管理 / 尹六寓主编. -- 北京 : 中国水利水电出版社, 2016.1
（村镇供水行业专业技术人员技能培训丛书）
ISBN 978-7-5170-4184-9

Ⅰ. ①供… Ⅱ. ①尹… Ⅲ. ①给水管道－给水工程②农村给水－给水管道－管道安装③农村给水－给水管道－运行－管理 Ⅳ. ①TU991.33②S277.7

中国版本图书馆CIP数据核字(2016)第048255号

书 名	村镇供水行业专业技术人员技能培训丛书 **供水管道工 3 村镇供水给水管道的安装及运行管理**
作 者	主编 尹六寓
出版发行	中国水利水电出版社 （北京市海淀区玉渊潭南路1号D座 100038） 网址：www. waterpub. com. cn E mail：salcs@waterpub. com. cn 电话：(010) 68367658（发行部）
经 售	北京科水图书销售中心（零售） 电话：(010) 88383994、63202643、68545874 全国各地新华书店和相关出版物销售网点
排 版	中国水利水电出版社微机排版中心
印 刷	三河市鑫金马印装有限公司
规 格	140mm×203mm 32开本 3.375印张 91千字
版 次	2016年1月第1版 2016年1月第1次印刷
印 数	0001—3000册
定 价	**15.00元**

序

　　近年来，各级政府和行业主管部门投入了大量人力、物力和财力建设农村饮水安全工程，而提高农村供水从业人员的专业技术和管理水平，是使上述工程发挥投资效益、可持续发展的关键措施。目前，各地乃至全国都在开展相关的培训工作，旨在以此方式提高基层供水单位的运行及管理的专业化水平。

　　与城市集中式供水相比，农村集中式供水是一项新型的、方兴未艾的事业，急需大量的、各层次的懂技术、会管理的专业人才，而基层人员又是重要的基础和保证。本丛书的编者们结合工程实践、提炼技术关键、总结管理经验，认真分析基层供水行业技术和管理人员的基础知识和认知能力，依据农村供水行业各工种岗位应知应会的要求，编写了这套由浅入深、图文并茂、通俗易懂、操作指导性强的系列丛书，以方便农村供水从业人员在日常工作中学习、查阅和操作。该丛书按照工种岗位职业资格标准编写，体现出了职业性、实用性、通俗性和前瞻性，可作为相关部门和企业定岗考核的重要参考依据，也可供各地行业主管部门作为培训的参考资料。

　　本丛书的出版是对我国现有农村供水行业读物的

一个新的补充和有益尝试，我从事农村饮水安全事业多年，能看到这样的读物出版，甚为欣慰，故以此为序。

2013 年 5 月

前　言

　　我国村镇集中式供水与城市供水相比是一项新兴的事业，开展村镇供水行业技术人员的培训是提高村镇供水从业人员技术和管理能力、推进在村镇供水行业中有步骤开展职业资格证制度的一项重要基础性工作。在总结广东省村镇供水行业技术人员培训工作和对现有村镇供水培训教材调研的基础上，编写一套针对性强，方便学习、查阅和指导日常操作的培训丛书是十分必要和迫切的。在广东省水利厅的大力支持下，组织有关专家编写了本套"村镇供水行业专业技术人员技能培训丛书"，以满足村镇供水从业人员技能培训和职业技能鉴定的需要。丛书以工种岗位职业资格标准为大纲，体现职业性、实用性、通俗性和前瞻性。

　　本丛书共包括《供水水质检测》《供水水质净化》《供水管道工》《供水机电运行与维护》《供水站综合管理员》等5个系列，每个系列又包括1～3本分册。丛书内容简明扼要、深入浅出、图文并茂、通俗易懂，具有易读、易记和易查的特点，非常适合村镇供水行业从业人员阅读和学习。丛书可作为培训考证的学习用书，也可作为从业人员岗位学习的参考书。

　　本丛书的出版是对现有村镇供水行业培训教材的一

个新的补充和尝试，如能得到广大读者的喜爱和同行的认可，将使我们备感欣慰、倍受鼓舞。

村镇供水从其管理和运行模式的角度来看是供水行业的一种新类型，因此编写本套丛书是一种尝试和挑战。在编写过程中，在邀请供水行业专家参与编写的基础上，还特别邀请了村镇供水的技术负责人与技术骨干担任丛书评审人员。由于对村镇供水行业从业人员认知能力的把握还需要不断提高，书中难免还有很多不足之处，恳请同行和读者提出宝贵意见，使培训丛书在使用中不断提高和日臻完善。

丛书编委会

2013 年 5 月

目　录

第1章 村镇供水给水管道的安装

村镇供水常用给水管道安装主要分为室外、室内两部分。

1.1 室外给水管道开槽施工

村镇供水的给水管道常敷设于地下，给水管道开槽施工的流程如下：

识图→定线放线→沟槽开挖→下管稳管→管道接口→水压试验→管道消毒与冲洗→沟槽回填等。

1.1.1 给水系统识图的基本知识

给水系统是指由取水、输水、水质处理、配水等设施以一定的方式组合而成的总体。通常由取水构筑物、水处理构筑物、泵站、输水管道、配水管网和调节构筑物六部分组成（见图1.1.1），其中输水管道与配水管网构成给水管道工程。根据水源

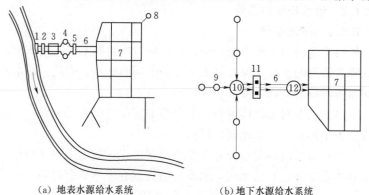

(a) 地表水源给水系统　　　　　(b) 地下水源给水系统

图1.1.1　给水系统

1—取水构筑物；2——级泵站；3—水处理构筑物；4—清水池；5—二级泵站；

6—输水管道；7—配水管网；8—调节构筑物；9—井群；

10—集水池；11—泵站；12—水塔

的不同，一般有地表水源给水系统和地下水源给水系统两种形式。在一个村镇中，可以单独采用地表水源给水系统或地下水源给水系统，也可两种系统并存。

给水管道工程的主要任务是将符合用户要求的水（成品水）输送和分配到各用户，一般通过泵站、输水管道、配水管网和调节构筑物等设施共同来完成。

输水管道是从水源供给水厂，或从给水厂向配水管网输水的管道，其主要特征是不向沿线两侧配水。它只是起到输送水的作用。当给水工程不允许间断供水时，一般应设两条或两条以上的输水管；当允许间断供水或多水源供水时，可考虑只设一条输水管。输水管最好沿现有道路或规划道路敷设，尽量避免穿越河谷、山脊、沼泽、重要铁道及洪水泛滥淹没的地方。输水管道上阀门间距视管道长度而定，一般在 $1\sim4km$ 范围内。

配水管网是用来向用户配水的管道系统。它分布在整个供水区域范围内，接受输水管道输送来的水量，并将其分配到各用户的接管点上。一般配水管网由配水干管、连接管、配水支管、分配管、附属构筑物和调节构筑物组成。

1.1.2 给水管道的布置

1.1.2.1 布置原则

给水管网的主要作用是保证供给用户所需的水量，保证配水管网有适宜的水压，保证供水水质并不间断供水。因此，给水管网布置时应遵守以下原则：

（1）根据村镇总体规划，结合当地实际情况进行布置，并进行多方案的技术经济比较，择优定案。

（2）管线应均匀地分布在整个村镇给水区域内，保证用户有足够的水量和适宜的水压，水质在输送过程中不遭受污染。

（3）力求管线短捷，尽量不穿越或少穿越障碍物，以节约投资。

（4）保证供水安全可靠，发生事故时，应尽量不间断供水或尽可能缩小断水范围。

（5）尽量减少拆迁，少占农田或不占农田。

（6）便于管道的施工、运行和维护管理。

（7）规划要远期近期结合，考虑分期建设的可能性，既要满足近期建设的需要，又要考虑远期的发展，留有充分的发展余地。

1.1.2.2 管道的布置形式

村镇给水管网的布置主要受水源地地形、村镇地形、道路、用户位置及分布情况、水源及调节构筑物的位置、村镇障碍物情况、用户对给水的要求等因素的影响。一般给水管道尽量布置在地形高处，沿道路平行敷设，尽量不穿越障碍物，以节省投资和减少供水成本。

根据水源地和给水区的地形情况，输水管道有以下三种布置形式。

1.1.2.2.1 重力输水系统

重力输水系统适用于水源地地形高于给水区，且高差可以保证以经济的造价输送所需水量的情况。此时，清水池中的水可以靠自身的重力，经重力输水管送入给水厂，经处理后成为成品水再被送入配水管网，供用户使用；如水源水水质满足用户要求，也可经重力输水管直接进入配水管网，供用户使用。该输水系统无动力消耗，管理方便，运行经济。当地形高差很大时，为降低供水压力，可在中途设置减压水池，形成多级重力输水系统，如图 1.1.2 所示。

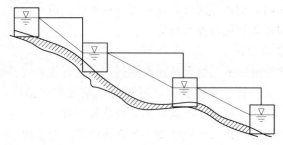

图 1.1.2　多级重力输水系统

1.1.2.2.2 压力输水系统

压力输水系统适用于水源地与给水区的地形高差不能保证以经济的造价输送所需水量，或水源地地形低于给水区地形的情况。此时，水源（或清水池）中的水必须由泵站加压经输水管送至给水厂进行处理，或送至配水管网供用户使用。该输水系统需要消耗大量的动力，供水成本较高，如图1.1.3所示。

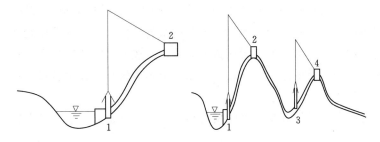

图1.1.3　压力输水系统　　　图1.1.4　重力与压力输水相结合的输水系统
1—泵站；2—高地水池　　　　1、3—泵站；2、4—高地水池

1.1.2.2.3 重力与压力输水相结合的输水系统

在地形复杂且输水距离较长时，往往采用重力与压力输水相结合的输水方式，以充分利用地形条件，节约供水成本。该方式在大型的长距离输水管道中应用较为广泛，如图1.1.4所示。

配水管网一般敷设在村镇道路下，就近为两侧的用户配水。因此，配水管网的形状应随村镇路网的形状而定。随着村镇路网规划的不同，配水管网可以有多种布置形式，但一般可归结为枝状管网和环状管网两种布置形式。

1. 枝状管网

枝状管网因从二级泵站或水塔到用户的管线布置类似树枝状而得名，其干管、支管分明。管径由泵站或水塔到用户逐渐减小，如图1.1.5所示。由此可见，枝状管网管线短、管网布置简单、投资少，但供水可靠性差，当管网中任一管段损坏时，其后的所有管线均会断水。在管网末端，因用水量小，水流速度缓慢，甚至停滞不动，容易使水质变坏。

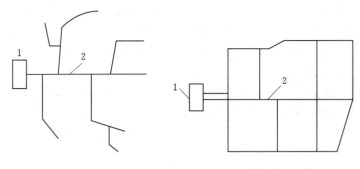

图 1.1.5　枝状管网　　　　　图 1.1.6　环状管网
1—二级泵站；2—管网　　　　1—二级泵站；2—管网

2．环状管网

环状管网是指管网中的管道纵横相互接通，形成环状，如图1.1.6所示。当管网中某一管段损坏时，可以关闭附近的阀门使其与其他的管段隔开，然后进行检修，水可以从其他的管线绕过该管段继续向下游用户供水，使断水的范围减至最小，从而提高了管网供水的可靠性，同时，还可大大减轻因水锤作用而产生的危害。但环状管网管线长、布置复杂、投资大。

1.1.2.3　配水管网的布置要求

配水管网由各种大小不同的管段组成，无论是枝状管网还是环状管网，按管段的功能均可划分为配水干管、连接管、配水支管和分配管。

配水干管接受输水管道中的水，并将其输送到各供水区。干管管径较大，一般应布置在地形高处，靠近大用户沿村镇的主要干道敷设，在同一供水区内可布置若干条平行的干管，其间距一般为 $500\sim800$m。

连接管用于配水干管间的连接，以形成环状管网，保证在干管发生故障关闭事故管段时，能及时通过连接管重新分配流量，从而缩小断水范围，提高供水可靠性。连接管一般沿城市次要道路敷设，其间距为 $800-1000$m。

配水支管是将干管输送来的水分配到接户管道和消火栓管道,敷设在供水区的道路下。配水支管在供水区内应尽量均匀布置,尽可能采用环状管线,同时应与不同方向的干管连接。当采用枝状管网时,配水支管不宜过长,以免管线末端用户水压不足或水质变坏。

分配管(又称为接户管)是连接配水支管与用户的管道,将配水支管中的水输送、分配给用户供其使用。一般每一用户有一条分配管即可,但重要用户的分配管可有两条或数条,并应从不同的方向接入,以增加供水的可靠性。

为了保证管网正常供水和便于维修管理,应在管网的适当位置上设置阀门、消火栓、排气阀、泄水阀等附属设备。其布置原则是数量尽可能少,但又要运用灵活。阀门是控制水流、调节流量和水压的设备,其位置和数量要满足故障管段的切断需要,应根据管线长短、供水重要性和维修管理情况而定。一般干管上每隔 500～1000m 设一个阀门,并设于连接管的下游;干管与支管相接处,一般在支管上设阀门,以便支管检修时不影响干管供水;干管和支管上消火栓的连接管上均应设阀门;配水管网上两个阀门之间独立管段内消火栓的数量不宜超过 5 个。

消火栓应布置在使用方便、显而易见的地方,距建筑物外墙的距离应不小于 5.0m,距车行道边不大于 2.0m,以便于消防车取水而又不影响交通。一般常设在人行道边,两个消火栓的间距不应超过 120m。

排气阀用于排除管道内积存的空气,以减小水流阻力,一般常设在管道的高处。

泄水阀用于排空管道内的积水,以便于检修时排空管道,一般常设在管道的低处。

为保证给水管道在施工和维修时对其他管线和建(构)筑物不产生影响,在平面布置时,给水管道应与其他管线和建(构)筑物有一定的水平距离,其最小水平净距见表 1.1.1。

表 1.1.1　　给水管道与其他管线及建（构）筑物的
最小水平净距　　　单位：m

名　　称			与给水管道的最小水平净距	
			$d \leqslant 200mm$	$d > 200mm$
建筑物			1.0	3.0
污水、雨水排水管			1.0	1.5
燃气管	中低压	$P \leqslant 0.4MPa$	0.5	
	高压	$0.4MPa < P \leqslant 0.8MPa$	1.0	
		$0.8MPa < P \leqslant 1.6MPa$	1.5	
热力管道			1.5	
电力电缆			0.5	
电位电缆			1.0	
乔木（中心）			1.5	
灌木				
地上柱杆	通信照明<10kV		0.5	
	高压铁塔基础边		3.0	
道路侧石边缘			1.5	
铁路钢轨（或坡脚）			5.0	

当给水管道相互交叉时，其最小垂直净距为 0.15m；当给水管道与污水管道、雨水管道或输送有毒液体的管道交叉时，给水管道应敷设在上面，最小垂直净距为 0.4m，且接口不能重叠；当给水管必须敷设在下面时，应采用钢管或钢套管，钢套管伸出交叉管的长度，每端不得小于 3.0m，且套管两端应用防水材料封闭，并应保证 0.4m 的最小垂直净距。

1.1.3　给水管材

给水管材应满足下列要求：

（1）要有足够的强度和刚度，以承受在运输、施工和正常输水过程中所产生的各种荷载。

（2）要有足够的密闭性，以保证经济有效的供水。

（3）管道内壁应整齐光滑，以减小水头损失。

（4）管道接口应施工简便，且牢固可靠。

（5）应寿命长、价格低廉、且有较强的抗腐蚀能力。

铸铁管主要用作埋地给水管道，与钢管相比具有制造较易、价格较低、耐腐蚀性较强等优点，其工作压力一般不超过0.6MPa；但铸铁管质脆、不耐振动和弯折、重量大。我国生产的铸铁管有承插式和法兰盘式两种。承插式铸铁管分砂型离心铸铁管、连续铸铁管和球墨铸铁管三种。

砂型离心铸铁管其材质为灰铸铁，按其壁厚分为 P 级和 G 级，适用于给水和燃气等压力流体的输送，选择时应根据工作压力、埋设深度和其他工作条件进行验算。

砂型离心铸铁直管试验水压力及力学性能见表 1.1.2。

表 1.1.2　　　砂型离心铸铁直管试验水压力及力学性能

直管种类	公称口径 DN/mm	试验压力/MPa
P 级	≤450	2.00
	≥500	1.50
G 级	≤450	2.50
	≥500	2.00

注　如用于输送煤气等压力气体，需做气密性试验时，由供、需双方按协议规定执行。

砂型离心铸铁直管如图 1.1.7 所示，主要规格尺寸见表 1.1.3，直径、壁厚、质量见表 1.1.4。

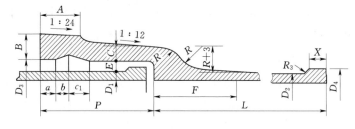

图 1.1.7　砂型离心铸铁直管

表 1.1.3　　　　　　　　　砂型离心铸铁直管规格

公称直径 /mm	各部尺寸/mm											有效长度 L
	承口								插口			
	D_3	A	B	C	P	E	F	R	D_4	R_3	X	
200	240.0	38	30	15	100	10	71	25	230.0	5	15	5000
250	293.6	38	32	15	105	11	73	26	281.6	5	20	5000
300	344.8	38	33	16	105	11	75	27	332.8	5	20	5000
350	396.0	40	34	17	110	11	77	28	384.0	5	20	5000 6000
400	447.6	40	36	18	110	11	78	29	435.0	5	25	6000
450	498.8	40	37	19	115	11	80	30	486.8	5	25	6000
500	552.9	40	38	19	115	12	82	31	540.0	6	25	6000
600	654.8	42	41	20	120	12	84	32	642.8	6	25	6000
700	757.0	42	43	21	125	12	86	33	745.0	6	25	6000
800	860.0	45	45	23	130	12	89	35	848.0	6	25	6000
900	963.0	45	50	25	135	12	92	37	951.0		25	6000
1000	1067.0	50	54	27	140	13	98	40	1053	6	25	6000

注　尺寸符号如图 1.1.7 所示。

表 1.1.4　　　　砂型离心铸铁直管的直径、壁厚、质量

公称直径 /mm	壁厚		内径		外径 /mm	总质量/kg				承口凸部质量 /kg	插口凸部质量 /kg	直部质量/ (kg/m)	
	t/mm		D_1/mm			有效长度 5000mm		有效长度 6000mm					
	P 级	G 级	P 级	G 级	D_2	P 级	G 级	P 级	G 级			P 级	G 级
200	8.8	10.0	202.4	200	220.0	227.0	254.0			16.30	0.382	42.0	47.5
250	9.5	10.8	252.6	250	271.6	303.0	340.0			21.30	0.626	56.5	63.7
300	10.0	11.4	302.8	300	322.8	381.0	428.0	452.0	509.0	26.10	0.741	70.8	80.3
350	10.8	12.0	352.4	350	374.0			566.0	623.0	32.60	0.857	88.7	98.3
400	11.5	12.8	402.6	400	425.6			687.0	757.0	39.00	1.460	107.7	119.5
450	12.0	13.4	452.4	450	476.8			806.0	892.0	46.90	1.640	126.2	140.5
500	12.8	14.0	502.4	500	528.0			950.0	1030.0	52.70	1.810	149.2	162.8
600	14.2	15.6	602.4	599.6	630.8			1260.0	1370.0	68.80	2.160	198.0	217.1
700	15.5	17.1	702.0	698.8	733.0			1600.0	1750.0	86.00	2.510	251.6	276.9
800	16.8	18.5	802.6	799.0	838.0			1980.0	2160.0	109.00	2.860	311.3	342.1
900	18.2	20.0	902.6	899.0	939.0			2410.0	2630.0	136.00	3.210	379.1	415.7
1000	20.5	22.6	1000.0	955.8	1041.0			3020.0	3300.0	173.00	3.550	473.2	520.6

　　连续铸铁直管即连续铸造的灰铸铁管，按其壁厚分为 LA、A 和 B 三级。适用于给水和燃气等压力流体的输送，选用时应根据管道的工作压力、埋设深度及其他工作条件进行验算。连续

铸铁直管试验水压力见表 1.1.5。

表 1.1.5　　　　　连续铸铁直管的试验水压力

公称直径/mm	试验水压力/MPa		
	LA 级	A 级	B 级
≤450	2.0	2.5	3.0
≥500	1.5	2.0	2.5

连续铸铁直管如图 1.1.8 所示，主要规格尺寸见表 1.1.6，直径、壁厚、质量见表 1.1.7。

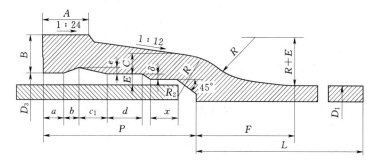

图 1.1.8　连续铸铁直管

表 1.1.6　　　　　　　连续铸铁直管规格

公称直径/mm	承口内径 D_3/mm	各部尺寸/mm												
		A	B	C	E	P	e	F	δ	x	R	a	b	c_1	d
75	113.0	36	26	12	10	90	9	75	5	13	32				
100	138.0	36	26	12	10	95	10	75	5	13	32				
150	189.0	36	26	12	10	100	10	75	5	13	32				
200	240.0	38	28	13	10	100	11	77	5	13	33				
250	293.6	38	32	15	11	105	12	83	5	18	37	15	10	20	6
300	344.8	38	33	16	11	105	13	85	5	18	38				
350	396.0	40	34	17	11	110	13	87	5	18	39				
400	447.6	40	36	18	11	110	14	89	5	24	40				
450	498.8	40	37	19	11	115	14	91	5	24	41				
500	552.0	40	40	21	12	115	15	97	6	24	45				
600	654.8	42	44	23	12	120	16	101	6	24	47	18	12	25	7
700	757.0	42	48	26	12	125	17	106	6	24	50				
800	860.0	45	51	28	12	130	18	111	6	24	52				
900	963.0	45	56	31	12	135	19	115	6	24	55				
1000	1067.0	50	60	33	13	140	21	121	6	24	59	20	14	30	8
1100	1170.0	50	64	36	13	145	22	126	6	24	62				
1200	1272.0	52	68	38	13	150	23	130	6	24	64				

表 1.1.7　连续铸铁直管管直径、壁厚、质量

公称直径 /mm	外径 D_2 /mm	壁厚 t/mm			承口凸部质量 /kg	直部质量 /(kg/m)			管子总质量/(kg/节)								
									有效长度 4000mm			有效长度 5000mm			有效长度 6000mm		
		LA级	A级	B级		LA级	A级	B级	LA级	A级	B级	LA级	A级	B级	LA级	A级	B级
75	93.0	9.0	9.0	9.0	6.66	17.1	17.1	17.1	75.1	75.1	75.1	92.2	92.2	92.2			
100	118.0	9.0	9.0	9.0	8.26	22.2	22.2	22.2	97.1	97.1	97.1	119	119	119			
150	169.0	9.0	9.2	10.0	11.43	32.6	33.3	36.0	142	145	155	174	178	191	207	211	227
200	220.0	9.2	10.1	11.0	15.62	43.9	43.0	52.0	191	208	224	235	256	276	279	304	328
250	271.6	10.0	11.0	12.0	23.06	59.2	64.8	70.5	260	282	305	319	347	376	378	412	446
300	322.8	10.8	11.9	13.0	28.30	76.2	83.7	91.1	333	363	393	409	447	484	486	531	575
350	374.0	11.7	12.8	14.0	34.01	95.9	104.6	114.0	418	452	490	514	557	604	609	662	718
400	425.6	12.5	13.8	15.0	42.31	116.8	128.5	139.3	510	556	600	626	685	739	743	813	878
450	476.8	13.3	14.7	16.0	50.49	139.4	153.7	166.8	608	665	718	747	819	884	887	973	1050
500	528.0	14.2	15.6	17.0	62.10	165.0	180.8	196.5	722	785	848	887	966	1040	1050	1150	1240
600	630.8	15.8	17.4	19.0	83.53	219.8	241.4	262.9	963	1050	1140	1180	1290	1400	1400	1530	1660
700	733.0	17.5	19.3	21.0	110.79	283.2	311.6	338.2	1240	1360	1460	1530	1670	1800	1810	1980	2140
800	836.0	19.2	21.1	23.0	139.64	354.7	388.9	423.0	1560	1700	1830	1910	2080	2250	2270	2470	2680
900	939.0	20.8	22.9	25.0	176.79	432.0	474.5	516.9	1900	2070	2240	2340	2550	2760	2770	3020	3280
1000	1041.0	22.5	24.8	27.0	219.98	518.4	570.0	619.3	2290	2500	2700	2810	3070	3320	3330	3640	3940
1100	1144.0	24.2	26.6	29.0	268.41	613.0	672.3	731.4	2720	2960	3190	3330	3630	3930	3950	4300	4660
1200	1246.0	25.8	28.4	31.0	318.51	712.0	782.2	852.0	3170	3450	3730	3880	4230	4580	4590	5010	5430

球墨铸铁直管规格及性能见表 1.1.8。

表 1.1.8　　　　　　球墨铸铁直管规格及性能

公称直径 /mm	壁厚 /mm	有效管长 /mm	制造方法	技术性能	质量/kg	
					直部每米重	每根管总重
500	8.5			试验水压力 3.0MPa; 抗拉强度 3.0~5.0MPa; 伸长率2%~8% (经退火后可达5%以上)	99.2	650
600	10		离心铸造		139	905
700	11	6000			178	1160
800	12				222	1440
900	13				270	1760
1000	14.5		连续铸造		334	2180
1200	17				469	3060

1.1.4　给水管道工程施工图识读

给水管道工程施工图的识读是保证工程施工质量的前提,一般给水管道施工图包括平面图、纵剖面图、大样图和节点详图四种。

1.1.4.1　平面图识读

管道平面图主要是体现管道在平面上的相对位置以及管道敷设地带一定范围内的地形、地物和地貌情况,如图 1.1.9 所示。识读时应主要弄清以下一些问题:

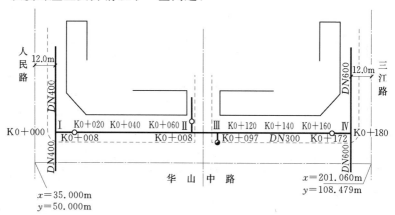

图 1.1.9　管道平面图

（1）图纸比例、说明和图例。

（2）管道施工地带道路的宽度、长度、中心线坐标、折点坐标及路面上的障碍物情况。

（3）管道的管径、长度、节点号、桩号、转弯处坐标、中心线的方位角及管道与道路中心线或永久性地物间的相对距离以及管道穿越障碍物的坐标等。

（4）与本管道相交、相近或平行的其他管道的位置及相互关系。

（5）附属构筑物的平面位置。

（6）主要材料明细表。

1.1.4.2 纵剖面图识读

纵剖面图主要是体现管道的埋设情况，如图 1.1.10 所示。识读时应主要弄清以下一些问题：

（1）图纸横向比例、纵向比例、说明和图例。

（2）管道沿线的原地面标高和设计地面标高。

（3）管道的管中心标高和埋设深度。

（4）管道的敷设坡度、水平距离和桩号。

（5）管径、管材和基础。

（6）附属构筑物的位置、其他管线的位置及交叉处的管底标高。

（7）施工地段名称。

1.1.4.3 大样图识读

大样图主要是指阀门井、消火栓井、排气阀井、泄水井、支墩等的施工图。识读时应主要弄清以下一些内容：

（1）图纸比例、说明和图例。

（2）井的平面尺寸、竖向尺寸及井壁厚度。

（3）井的组砌材料、强度等级、基础做法及井盖材料和大小。

（4）管件的名称、规格、数量及其连接方式。

（5）管道穿越井壁的位置及穿越处的构造。

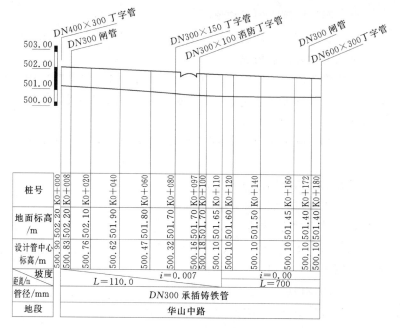

图 1.1.10 纵剖面图

（6）支墩的大小、形状及组砌材料。

1.1.4.4 节点详图的识读

节点详图主要是体现管网节点处各管件间的组合、连接情况，以保证管件组合经济合理，水流通畅，如图 1.1.11 所示。识读时应主要弄清以下一些内容：管网节点处所需的各种管件的名称、规格、数量；管件间的连接方式。

1.1.5 管道的定线放线

管道的定线放线目的是确定给水管道在安装地点上的实际位置。定线是通过测量工具按设计图样测量出给水管道在街道或绿化地带上或过障碍物的实际平面位置尺寸；放线是将该平面尺寸用线桩或拉线和白灰等把给水管道的中心线及待开挖的沟槽边线显示出来，称为放线。管道的定线放线（见图 1.1.12）应按以下原则进行：

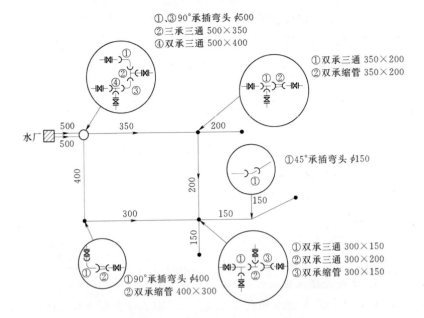

图 1.1.11 节点详图（单位：mm）

图 1.1.12 管道的定线放线

（1）管道的定线放线应严格按给水管道工程图样进行。

（2）先定出管道走向的中心线，再定出待开挖的沟槽边线。

（3）先定出管道直线走向的中心线，再定出管道变向的中心线。

（4）所栽线桩可用钢桩或木桩，线桩应埋入土内一定深度，并固定牢靠。

（5）所拉的线绳和所放的白灰线应准确且不影响沟槽开挖。

1.1.6　管道沟槽开挖

1.1.6.1　土的性质与分类

1.1.6.1.1　土的性质

土的性质对土石方稳定性、施工方法及工程量均有很大影响。

1. 土的物理性质

（1）土的质量密度和重力密度：天然状态下单位体积土的质量称为土的质量密度，简称为土的密度，用符号 ρ 表示；天然状态下单位体积土所受的重力称为土的重力密度，简称为土的重度，用符号 γ 表示。

$$\rho = m/V$$

$$\gamma = G/V = m \cdot g/V = \rho \cdot g$$

式中　m——土的质量，t；

　　　V——土的体积，m^3；

　　　G——土的重力，kN；

　　　g——重力加速度，m/s^2。

天然状态下土的密度值如下：砂土 $\rho = 1.6 \sim 2.0 t/m^3$；黏性土和粉砂 $\rho = 1.8 \sim 2.0 t/m^3$。

（2）土粒相对密度：土粒单位体积的质量与同体积的 4℃时纯水的质量相比，称为土粒相对密度。土粒相对密度参考值见表1.1.9。

表 1.1.9   土粒相对密度参考值

土的类别	砂土	粉土	黏性土	
			粉质黏土	黏土
土粒相对密度	2.65～2.69	2.70～2.71	2.72～2.73	2.73～2.74

（3）土的含水率：水的质量与土颗粒质量之比的百分数称为土的含水率，含水率是表示土的湿度的一个指标。天然土的含水率变化范围很大。含水率小，土较干；反之，土很湿或饱和。

（4）土的干密度和干重度：土的单位体积内颗粒的质量称为土的干密度；土的单位体积内颗粒所受重力称为土的干重度。一般土的干密度为 $1.3～1.8 t/m^3$，土的干密度越大，表明土越密实，工程上常用这一指标控制回填土的质量。

（5）土的孔隙比与孔隙率：土中孔隙体积与颗粒体积相比称为孔隙比（e）；土中孔隙体积与土的体积之比的百分数称为土的孔隙率（h）。孔隙比是表示土的密实程度的一个重要指标。一般 $e<0.6$ 的土是密实的低压缩性土；$e>1.0$ 的土是疏松的高压缩性土。

（6）土的饱和重度与土的有效重度：土中孔隙完全被水充满时土的重度称为饱和重度；地下水位以下的土受到水的浮力作用，扣除水的浮力和单位体积上所受的重力称为土的有效重度，土的饱和重度一般为 $18～23 kN/m^3$。

（7）土的饱和度：土中水的体积与孔隙体积之比的百分数称为土的饱和度（S_r），根据饱和度的数值可把细砂、粉末等土分为稍湿、很湿和饱和三种湿度状态，见表 1.1.10。

表 1.1.10   沙土湿度状态划分

温度	稍湿	很湿	饱和
饱和度 S_r /%	$S_r≤50$	$50<S_r≤80$	$S_r>80$

（8）土的可松性和压密性：土的可松性是指天然状态下的土经过开挖后土的结构被破坏，因松散而体积增大，这种现象称为土的可松性。土经过开挖、运输、堆放而松散，松散土与原土体积之比

用可松性系数 K_S 表示。土经回填后，其体积增加值用最终可松性系数 K_S' 表示。可松性系数的大小取决于土的种类，见表 1.1.11。

表 1.1.11　　　　　　　　土的可松性系数

土 的 类 别	最初可松性系数K_S	最终可松性系数 K_S'
第一类（松软土）	1.08～1.17	1.01～1.04
第二类（普通土）	1.14～1.28	1.02～1.05
第三类（坚土）	1.24～1.30	1.04～1.07
第四类（砾砂坚土）	1.26～1.37	1.06～1.09
第五类（软石）	1.30～1.45	1.10～1.20
第六类（次坚石）	1.30～1.45	1.10～1.20
第七类（坚石）	1.30～1.45	1.10～1.20
第八类（特坚石）	1.45～1.50	1.20～1.30

注　1.K_S 是用于计算挖方工程量装运车辆及挖土机械的主要参数。

　　2.K_S' 是计算填方所需挖土工程的主要参数。

　　3. 最初体积增加百分比 $= (V_2 - V_1)/V_1 \times 100\%$。

　　4. 最终体积增加百分比 $= (V_3 - V_1)/V_1 \times 100\%$。

可松性系数 K_S 为：

$$K_S = V_2/V_1$$

最终可松性系数 K_S' 为：

$$K_S' = V_3/V_1$$

式中　V_1——开挖前土的自然状态下体积；

　　　　V_2——开挖后土的松散体积；

　　　　V_3——压实后土的体积。

土的密实度与土的含水率有关。其含水率的大小都会影响土的密实度，实践证明应控制土的最佳含水率，在土方回填时应具有最佳含水率，当土的自然含水率低于最佳含水率20％时，土在回填前要洒水渗浸。土的自然含水率过高，应在压实或夯实前晾晒。在地基主要受力层范围内，按不同结构类型，要求压实系数达到 0.94～0.96 以上。

2. 土的力学性质

（1）土的抗剪强度：土的抗剪强度就是某一受剪面上抵抗剪

切破坏时的最大剪应力，土的抗剪强度可由剪切试验确定，如图 1.1.13 所示。

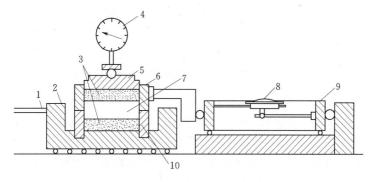

图 1.1.13　土的剪应力实验装置示意图

1—轮轴；2—底座；3—透水石；4—量表；5—活塞；6—上盒；
7—土样；8—水平位移量表；9—量力环；10—下盒

砂是散粒体，颗粒间没有相互的黏聚作用，因此砂的抗剪强度即为颗粒间的摩擦力。黏性土颗粒很小，由于颗粒间的胶结作用和结合水的连锁作用，产生黏聚力。黏性土的抗剪强度由内摩擦力和一部分黏聚力组成。由于不同的土抗剪强度不同，即使同一种土密实度和含水率不同，抗剪强度也不同。抗剪强度决定着土的稳定性，抗剪强度越大，土的稳定性越好，反之亦然。

完全松散的土自由地堆放在地面上，土堆的斜坡与地面构成的夹角，称为自然倾斜角。为了保证土壁稳定，必须有一定边坡，含水率大的土，土颗粒间产生润滑作用，使土颗粒间的内摩擦力或黏聚力减弱，土的抗剪强度降低时，土的稳定性减弱，因此，应留有较缓的边坡。当沟槽上荷载较大时，土体会在压力作用下产生滑移，因此，边坡也要平缓或采用支撑加固。

（2）侧土压力：地下给水排水构筑物的墙壁和池壁、地下管沟的侧壁、施工中沟槽的支撑、顶管工作坑的后背以及其他各种挡土墙结构，都受到土的侧向压力作用，如图 1.1.14 所示。这种土压力称为侧土压力。

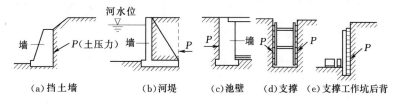

（a）挡土墙　　　（b）河堤　　（c）池壁　　（d）支撑　（e）支撑工作坑后背

图 1.1.14　各类挡土墙结构

根据挡土墙受力后的位移情况，侧土压力可分为以下三种：

1）主动土压力。挡土墙在墙后土压力作用下向前移动或移动土体随着下滑，当达到一定位移时，墙后土达极限平衡状态，此时作用在墙背上的土压力就称为主动土压力，如图 1.1.15（a）所示。

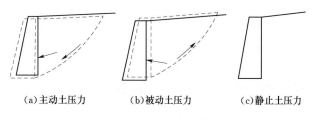

（a）主动土压力　　　（b）被动土压力　　　（c）静止土压力

图 1.1.15　三种土压力

2）被动土压力。挡土墙在外力作用下向后移动或转动，挤压填土，使土体向后位移，当挡土墙向后达到一定位移时，墙后土体达到极限平衡状态，此时作用在墙背上的土压力称为被动土压力，如图 1.1.15（b）所示。

3）静止土压力。挡土墙的刚度很大，在土压力作用下不产生移动和转动，墙后土体处于静止状态，此时作用在墙背上的土压力称为静止土压力，如图 1.1.15（c）所示。

上述三种土压力，在相同条件下，主动土压力最小，被动土压力最大，静止土压力介于两者之间。三种土压力的计算可按库仑土压力理论或者朗肯土压力理论计算。

掌握土的压力，对于处理施工中的支撑工作坑后背及各类挡土墙的结构是极其重要的。

1.1.6.1.2 土的工程分类及野外鉴别方法

1. 土的一般分类

土的种类很多，分类方法也很多，一般按土的组成、地质年代对土进行分类。按《建筑地基基础设计规范》（GBJ 7—89）将地基土分为岩石、碎石土、砂土、粉土、黏性土、人工填土六类。每类又可以分成若干小类。

（1）岩石。在自然状态下颗粒间连接牢固，呈整体或具有节理裂隙的岩体。

（2）碎石土。粒径大于 2mm 的颗粒占全重 50％以上的土。碎石土根据颗粒级配和占全重百分率的不同，可分为漂石、块石、卵石、圆砾和角砾，见表 1.1.12。

表 1.1.12　　　　　　碎石土的分类

土的名称	颗粒形状	土的颗粒在干燥时占全部重量
漂石、块石	圆形及亚圆形为主、棱角形为主	粒径大于 200mm 的颗粒超过合重 50％
卵石、碎石	圆形及亚圆形为主、棱角形为主	粒径大于 20mm 的颗粒超过全重 50％
圆砾、角砾	圆形及亚圆形为主、棱角形为主	粒径大于 2mm 的颗粒超过全重 50％

注 定名时应根据表中粒径分组由大到小以最先符合者确定。

（3）砂土。粒径大于 2mm 的颗粒含量小于或等于全重 50％的土。砂土根据粒径和占全重百分比的不同，又可分为砾砂、粗砂、中砂、细砂和粉砂，见表 1.1.13。

表 1.1.13　　　　　　砂 土 的 分 类

土的名称	土的颗粒在干燥时占全部重量的
砾砂	粒径大于 2mm 且小于或等于 2mm 的颗粒占全重 25％～50％
粗砂	粒径大于 0.5mm 且小于或等于 0.5mm 的颗粒超过全重 50％
中砂	粒径大于 0.25mm 且小于或等于 0.25mm 的颗粒超过全重 50％
细砂	粒径大于 0.075mm 的颗粒超过全重 50％
粉砂	粒径大于 0.075mm 的颗粒不超过全重 50％

（4）粉土。粉土性质介于砂土与黏性土之间，塑性指数小于或等于 10。当塑性指数接近 3 时，其性质与砂土相似；当塑性

指数接近 10 时，其性质与粉质黏土相似。

（5）黏性土。黏土按其粒径级配、矿物成分和溶解于水中的盐分等组成情况的指标，分为轻亚黏土、亚黏土和黏土、人工填土；按其生成分为素填土、杂填土和冲填土三类。

1）素填土。由碎石土、砂土、黏土组成的填土。经分层压实的统称素填土，又称压实填土。

2）杂填土。含有建筑垃圾、工业废渣、生活垃圾等杂物的填土。

3）冲填土。由水力冲填泥沙产生的沉积土。

2. 土的工程分类及野外鉴别方法

按土石坚硬程度和开挖方法及使用工具，将土分为八类，见表 1.1.14。

表 1.1.14　　　　　土 的 工 程 分 类

土的分类	土 的 特 征	密度 /(t/m³)	开挖方法及工具
一类土 （松软土）	略有黏性的砂土、粉土、腐殖土及疏松的种植土、泥炭（淤泥）	0.6～1.5	用锹（少许用脚蹬）或用锄头挖掘
二类土 （普通土）	潮湿的黏性土和黄土，软的盐土和碱土，含有建筑材料碎屑、碎石、卵石的堆积土和植土	1.1～1.6	用锹（需用脚蹬），少许用镐
三类土 （坚土）	中等密实的黏性土或黄土，含有碎石，卵石或建筑材料碎屑的潮湿的黏性土或黄土	1.8～1.9	主要用镐，条锄，少许用锹
四类土 （砂砾坚土）	坚硬密实的黏性土或黄土，含有碎石、砾石的中等密实黏性土或黄土，硬化的重盐土，软泥灰岩	1.9	全部用镐、条锄挖掘，少许用撬棍
五类土 （软岩）	硬的石炭纪黏土；胶结不紧砾岩；软的、节理多的石灰岩及贝壳石灰岩；坚实白垩	1.2～2.7	用镐或撬棍、大锤挖掘，部分使用爆破方法
六类土 （次坚石）	坚硬的泥质页岩，坚硬的泥灰岩；角砾状花岗岩；泥灰质石灰岩；黏土质砂岩；云母页岩及砂质页岩；风化花岗岩、片麻岩及正常岩；密石灰岩等	2.2～2.9	用爆破方法开挖，部分用风镐

土的分类	土 的 特 征	密度 /(t/m³)	开挖方法及工具
七类土 （坚石）	白云岩；大理石；坚实石灰岩；石灰质及石英质的砂岩；坚实的砂质页岩；以及中粗花岗岩等	2.5～2.9	用爆破方法开挖
八类土 （特坚石）	坚实细粗花岗岩；花岗片麻岩；闪长岩、坚实角闪岩、辉长岩、石英岩；安山岩、玄武岩；最坚实辉绿岩、石灰岩及闪长岩等	2.7～3.3	用爆破方法开挖

野外粗略地鉴别各类土的方法，分别参见表 1.1.15 和表 1.1.16。

表 1.1.15　　　碎石土、砂土野外鉴别方法

类别	土的名称	观察颗粒粗细	干燥时的状态及强度	湿润时用手拍击状态	黏着程度
碎石土	卵（碎）石	一半以上的颗粒超过 20mm	颗粒完全分散	表面无变化	无黏着感觉
	圆（角）砾	一半以上的颗粒超过 2mm	颗粒完全分散	表面无变化	无黏着感觉
砂土	砾砂	约有 1/4 以上的颗粒超过 2mm	颗粒完全分散	表面无变化	无黏着感觉
	粗砂	约有 1/2 以上的颗粒超过 0.5mm	颗粒完全分散，但有个别胶结一起	表面无变化	无黏着感觉
	中砂	约有 1/2 以上的颗粒超过 0.25mm	颗粒基本分散，局部胶结但一碰即散	表面偶有水印	无黏着感觉
	细砂	大部分颗粒与粗豆米粉近似	颗粒大部分分散，少量胶结，部分稍加碰撞即散	表面有水印	偶有轻微黏着感觉
	粉砂	大部分颗粒与小米粉近似	颗粒少部分分散，大部分胶结，稍加压力可分散	表面有显著翻浆现象	偶有轻微黏着感觉

表 1.1.16　　　　　　　　土的野外鉴别方法

| 土的名称 | 湿润时用刀切 | 湿土用手捻摸时的感觉 | 土的状态 | | 湿土搓条情况 |
			干土	湿土	
黏土	切面光滑,有黏力阻力	有滑腻感,感觉不到有砂料,水分较大时很黏手	土块坚硬用锤才能打碎	易黏着物体,干燥后不易剥去	塑性大,能搓成直径小于0.5mm的长条,手持一端不易断裂
粉质黏土	稍有光滑面,切面平整	稍有滑腻感,有黏着感,感觉到有少量砂粒	土块用力可压碎	能黏着物体,干燥后易剥去	有塑性,能搓成直径为0.5～2.0mm土条
粉土	无光滑面,切面粗糙	有轻微黏着感或无黏滞感,感觉到砂粒较多	土块用手捏或抛扔时易碎	不易黏着物体,干燥后一碰就掉	塑性小,能搓成直径为2～3mm的短条
砂土	无光滑面,切面粗糙	无黏滞感,感觉到全是砂粒	松散	不能黏着物体	无塑性,不能搓成土条

1.1.6.2　管道沟槽的开挖

1.1.6.2.1　人工法开挖

用锹、镐、锄头等工具开挖沟槽称为人工法。人工法开挖适用于土质松软、地下水位低、其他地下管线在开挖时需保护的地段的沟槽开挖。人工开挖管道沟槽,劳动强度大,作业辛苦,施工进度慢,在沟槽深度大,在易塌方的地方不易保证开挖人员的安全,如图1.1.16所示。

图 1.1.16　人工开挖沟槽

1.1.6.2.2 机械法开挖

用挖土机等机械开挖沟槽称为机械法。机械法开挖适用于土质松软地段，不受地下水位影响。机械法开挖沟槽，具有施工进度快、安全和体力劳动强度小等特点。采用机械开挖管道沟槽，应特别注意查明其他地下管线、电缆及构筑物，避免使其受到破坏。

机械开挖常采用以下几种机械：

(1) 单斗挖土机：单斗挖土机分正向铲和反向铲两种。

正向铲挖土机的工作特点是：开挖停机面以上的土壤，挖掘力大、生产率高，适用于无地下水、开挖高度在 2m 以上的土壤。正向铲挖土机工作状态如图 1.1.17 所示。

图 1.1.17 正向铲挖土机工作状态

反向铲挖土机是：开挖停机面以下的土壤，不需设置进出口通道，适用于开挖管沟和基槽，也可开挖小型基坑，尤其适用于开挖地下水位较高或泥泞的土壤。反向铲挖土机工作状态如图 1.1.18 所示。

(2) 拉铲挖土机：拉铲挖土机的开挖方式基本上与反向铲挖土机相似，其工作状态如图 1.1.19 所示。

(3) 抓铲挖土机：抓铲挖土机可用以挖掘面积较小、深度较大的沟槽，最适应于进行水下挖土，其工作状态如图 1.1.20 所示。

25

图 1.1.18　反向铲挖土机工作状态

图 1.1.19　拉铲挖土机工作状态

1.1.6.2.3　爆破法开挖

在市政给水管道工程施工中，当开挖的管道沟槽内遇有岩石、坚硬土层和其他坚硬障碍物，采用人工法、机械法开挖有困难时，需采用爆破法施工。爆破法即采用炸药爆破的方法。爆破法施工中一定要注意安全，要遵守爆破操作有关技术规程。

1.1.6.2.4　沟槽的处理

给水管道沟槽处理包括沟槽断面的确定、沟槽底宽与开挖深度、沟槽的支撑、沟槽内排水、沟槽的基础处理等内容。

图 1.1.20　抓铲挖土机工作状态

1. 沟槽断面的确定

沟槽断面的形式有直槽、梯形槽、混合槽和联合槽等，如图1.1.21所示。选择沟槽断面通常根据土的种类、地下水情况，现场条件及施工方法，并按照设计规定的基础、管道的断面尺寸、长度和埋置深度等进行。正确地选择沟槽的开挖断面，可以为后续施工过程创造良好条件，保证工程质量和施工安全，以及减少土方开挖量。

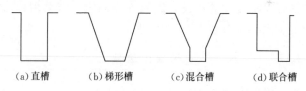

　(a)直槽　　　　(b)梯形槽　　　　(c)混合槽　　　　(d)联合槽

图 1.1.21　沟槽断面种类

直槽适用于深度小、土质坚硬的地段；梯形槽适用于深度较大、土质较松软的地段；混合槽是直槽与梯形槽的结合，即上梯下直，适用于深度大、土质松软地段；联合槽适用于两条或多条管道共同敷设、各埋设深度不同、深度均不大、土质较坚硬地段。

2. 沟槽底宽与开挖深度

沟槽底宽见图1.1.22且由下式决定：

$$W=B+2b$$

式中 W——沟槽底宽度，m；

B——管道基础宽度，m；

b——槽底工作宽度，m，根据管径大小确定，一般不大于0.8m。

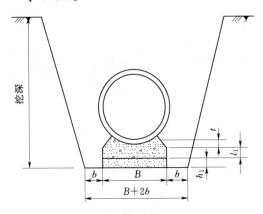

图 1.1.22 沟槽底宽与开挖深度

B—管道基础宽度；b—槽底工作宽度；t—管壁厚度；

l_1—管底厚度；h_1—基础厚度

沟槽开挖深度按管道设计纵断面图确定。当采用梯形槽时，应按图的类别并符合表1.1.17的规定。

表 1.1.17   梯 形 槽 的 边 坡

土的类别	密实度或状态	坡度允许值（高：宽）	
		深度在5m以内	深度5～10m
碎石土	密实	1：0.35～1：0.50	1：0.50～1：0.75
	中密	1：0.50～1：0.75	1：0.75～1：1.00
	稍密	1：0.75～1：1.00	1：1.00～1：1.25
粉土	$S_r \leqslant 0.5$	1：1.00～1：1.25	1：1.25～1：1.50
黏性土	坚硬	1：0.75～1：1.00	1：1.00～1：1.25
	硬塑	1：1.00～1：1.25	1：1.25～1：1.50

注 S_r 为土的饱和度。

市政给水铸铁管道两相邻断面的间距根据后续施工过程要求、地面平坦程度及计算精度的要求确定。

沟槽开挖深度与水管埋深及管道基础有关。一般市政给水管道埋在道路下，水管管顶以上覆土深度，在非冰冻地区由外部荷载、水管强度和管线交叉情况决定，通常不小于 0.7m。非金属管的管顶以上覆土深度应大于 $1\sim1.2$m，以免受到动荷载的作用而影响其强度。冰冻地区的管底埋深应考虑土壤的冰冻深度。一般，管底埋设深度可采用如下数值：管径 $DN<300$mm 时，管底应在冰冻线以下 $DN+200$mm；DN 为 $300\sim600$mm 时，管底埋深应为 $0.75DN$mm；$DN>600$mm 时，管底埋深应为 $0.5DN$mm。

在土壤耐压力较高和地下水位较低处，水管可直接埋在管沟内的天然地基上 [见图 1.1.23（a）]；在岩石或半岩石地基处，必须铺垫厚度为 100mm 以上的中砂或粗砂，再在上面埋管 [见图 1.1.23（b）]；在土壤松软的地基处，应有标高不小于 100mm 的混凝土基础 [见图 1.1.23（c）]，如遇流沙或通过沼泽地带，混凝土基础下还应设有桩排架。

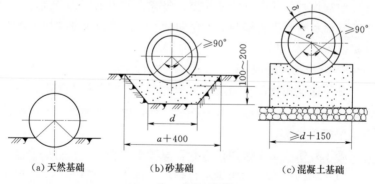

（a）天然基础   （b）砂基础   （c）混凝土基础

图 1.1.23　给水管道基础

3. 沟槽的支撑

（1）发生塌方和产生流沙的原因：在沟槽开挖和管道安装过程中，有发生边坡塌方和产生流沙的可能，其原因如下：

1）沟槽边坡放坡不足，边坡过陡，使土体本身的稳定性不够，这种情况常在土质较差、开挖深度较大时发生。

2）降雨、地下水或施工用水渗入边坡，使土体抗剪能力降低而发生塌方。

3）沟槽边缘附近大量堆土或停放机具，或开挖坡脚不合理，或受地表水、地下水冲蚀等，增加了土体负荷，降低了土体的抗剪强度，从而引起塌方等。

（2）塌方和流沙的防治：应注意地表水、地下水的排除；严格按不同土质放足边坡；当开挖深度大、施工时间长、边坡有机具或堆置材料等情况时，边坡应平缓；当因受场地限制，或因放坡增加土方量过大，则应采用设置支撑的方法。

当沟槽土质较差、深度较大而又需挖成直槽时，或高地下水位、砂性土质并采用表面排水时，均应支设支撑。支设支撑可以减少挖方量和施工占地面积，减少拆迁。但支撑增加材料消耗，有时影响后续工序的操作。

支撑由撑板、撑杠、撑柱所组成。撑板紧贴沟槽壁，撑柱固定撑板，由撑杠支设在撑柱上再将力传至撑板上以稳固沟槽壁。支撑根据撑板摆放的位置分横撑、竖撑，如图1.1.24所示。

支撑材料常见有钢制和木制两种，钢制可以重复使用，降低支撑造价。

4．沟槽施工排水

为了保证沟槽防止边坡塌方和沟槽底基础承载力下降，改善管道安装环境，保证施工人员安全，根据施工现场条件，决定是否采用施工排水。

施工排水方法分明沟排水和井点排水两种。

（1）明沟排水。明沟排水包括地面截水和沟槽内排水。地面截水是在沟槽周围筑堤截水，防止地表水和雨水流入沟槽内。沟槽内排水是在给水管道的沟槽内再修建排水渠道，使沟槽内水排入集水井，再用水泵把水排出去，以降低沟槽底部的水位，如图1.1.25所示。明沟排水方法适用于沟槽开挖基础不深或水量不

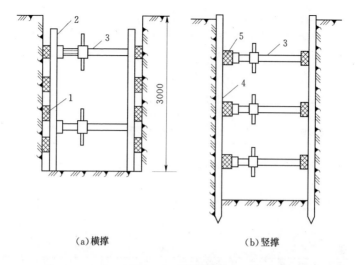

（a）横撑 （b）竖撑

图 1.1.24 撑板简图

1—水平挡土板；2—竖楞木；3—工具式撑扛；4—竖直挡土板；5—横楞木

大的地方，简单而方便。

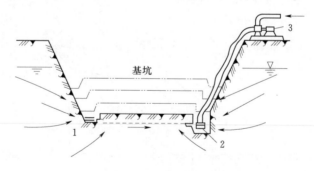

图 1.1.25 沟槽内排水

1—排水沟；2—集水井；3—水泵

（2）井点排水。井点排水是人工降低地下水位的一种有效方法，适用于沟槽、基坑开挖深度较大、地下水位高、土质差（如细砂、粉砂）等情况。井点排水的具体做法是：在沟槽、基坑周围或一侧埋入深于基底的井点滤水管或管井，以总管连接抽水，使地下水低于基坑底，以便在干燥状态下挖土和安装管道。

井点排水方法根据井点的特点不同分轻型井点、喷射井点、电渗井点、管井井点和深井井点等，其选择主要依据土层的渗透系数、要求降低水位的深度和工程特点，并作技术经济和节能比较。各种井点的适用范围见表1.1.18。

表 1.1.18　　　　　　各种井点的适用范围

井点类别		渗透系数/(m/d)	降低水位深度/m
轻型井点	单层	0.1～50	3～6
	多层	0.1～50	6～12
喷射井点		0.1～2	8～20
电渗井点		<0.1	根据选用的井点确定
管井井点		20～200	根据选用的水泵确定
深井井点		10～250	>15

沟槽双排轻型井点系统如图 1.1.26 所示，它是在沟槽两边分别设置轻型井点的排水系统。

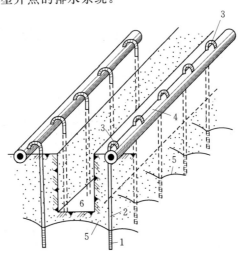

图 1.1.26　沟槽双排轻型井点系统

1—滤管；2—直管；3—橡胶弯联管；4—总管；
5—地下水降落曲线；6—沟槽

喷射井点是借喷射器的射流作用将地下水抽至地面，喷射井点如图1.1.27所示。

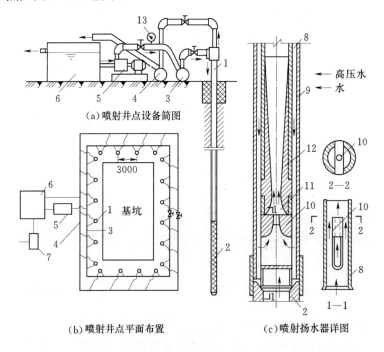

（a）喷射井点设备简图

（b）喷射井点平面布置

（c）喷射扬水器详图

图1.1.27 喷射井点

1—喷射井管；2—滤管；3—进水总管；4—排水总管；
5—高压水泵；6—集水池；7—水泵；8—内管；
9—外管；10—喷嘴；11—混合室；
12—扩散管；13—压力表

电渗井点利用井点管作阴极，用钢管、直径不小于25mm的钢筋或其他金属材料作阳极，通直流电，电压不宜超过60V，土中电流密度为$0.5\sim1.0\text{A/m}^2$使地下水渗入管井内，然后用泵抽吸地下水使地下水位下降，其系统如图1.1.28所示。

管井井点系统由滤水井管、吸水管、水泵等组成，如图1.1.29所示。

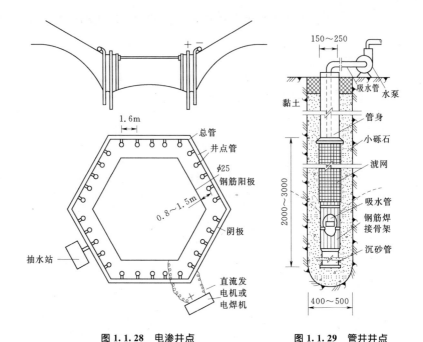

图 1.1.28 电渗井点

图 1.1.29 管井井点

5. 沟槽的基础处理

管沟开挖降水完毕后，按规定对基底整平，并清除沟底杂物，如遇不良地质情况或承载力不符合设计要求，应根据实际情况采用天然级配砂石，分层夯实进行换填处理，处理后经检查应符合设计及有关规定要求，然后及时施工基础以封闭基坑。如果开槽后承载力不符合设计要求且不在设计换填范围内，应及时与甲方、设计、监理单位协商。以便采取合理方案进行基础处理。

1.1.6.3 下管及稳管

市政给水铸铁管道铺设前，应检查沟槽边的堆土位置是否符合规定，检查管道地基情况，施工排水措施、沟槽边坡及管材与配件是否符合设计要求。

开挖沟槽出的土应尽量堆放在沟槽边的一侧，以便在沟槽边的另一侧运输排管，如图 1.1.30 所示。

图 1.1.30 土堆放在沟槽边的一侧和排管

在沟槽边的另一侧排管凡承插连接的管，如铸铁管、预应力钢筋混凝土管、自应力钢筋混凝土管、承插塑料管，其承口应对着水流方向排列，如图 1.1.31 所示。

图 1.1.31 承插管承口方向

沟槽内地基应按设计要求制作，管道支墩位置和形式应符合设计要求。沟槽边坡应稳固。按设计图样确定管材与配件的数量和质量。

按图量测和检查所用管长和各种配件的型号、数量和细部位置，并在沟槽边排设时确定。

在下管前细心检查管子、管件、配件的质量，有无破损和砂眼，可用小锤轻轻敲击，凡发出沙哑声处可能有损坏。

1.1.6.3.1 下管

市政给水管道下管应以施工安全、操作方便、经济合理为原则，并综合考虑管径、管长、沟深等条件选定下管方法。下管作业要特别注意安全问题，应有专人指挥，认真检查下管的绳、钩、杠、铁环桩等工具是否牢靠，在混凝土基础上下管时，混凝土强度必须达到设计强度的50%才可下管。下管方法分人工下管法和机械下管法。

1. 人工下管

利用人力、桩、绳、棒等，把沟槽边上的管子下至沟槽内称为人工下管。人工下管法常见有以下几种：

（1）压绳下管法。此法适用于管径为 400～800mm 的管子。下管时，可在管子两端各用一根大绳套在立管上，并把管子下面的半段绳用脚踩住，上半段用手拉住，两组大绳用力一致，将管子徐徐下入沟槽，如图 1.1.32 所示。

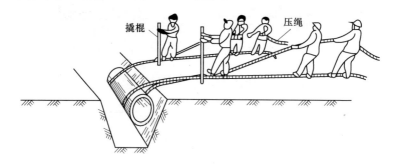

撬棍　　　压绳

图 1.1.32　压绳下管法

（2）木架下管法。此法适用于直径 900mm 以内、长 3m 以下的管子。下管前预先特制一个木架，下管时沿槽岸跨沟方向放置木架，将绳绕于木架上，管子通过木架缓缓下入沟内，如图 1.1.33 所示。

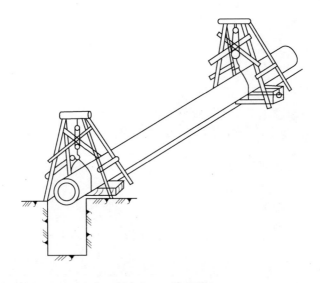

图 1.1.33 木架下管法

2. 机械下管

机械下管常采用吊车下管。吊车下管施工方便、安全、快捷，不易造成人员和管子损伤，是市政给水管道工程最好的下管方法，但要求施工现场容许吊车行走和工作。某地机械下管工作如图 1.1.34 所示。

此外，沟槽内下管在实际工程中，考虑到施工的方便，在局部地段，有时亦可采用承口背着水流方向排列。图 1.1.35 为在原有干管上引接分支管线的节点详图。若顾及排管方向要求，分支管配件连接应采用如图 1.1.35（a）所示方式为宜，但闸门后面的插盘短管的插口与下游管段承口连接时，必须在下游管段插口处设置一根横木做后背，其后续每连接一根管子，均需设置一根横木，安装比较麻烦。如果采用图 1.1.35（b）所示分支配件连接方式，其分支管虽然为承口背着水流方向排列，但其上承盘短管的承口与下游管段的插口连接，以及后续各节管子连接时，均无需设置横木作后背，施工十分方便。

图 1.1.34 机械下管

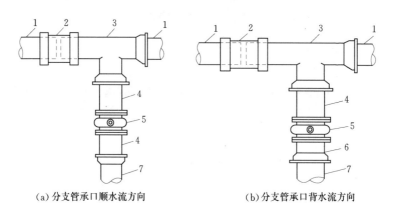

(a)分支管承口顺水流方向   (b)分支管承口背水流方向

图 1.1.35 干管上引接分支管线节点详图
1—原建干管；2—套管；3—异径三通；4—插盘短管；
5—闸门；6—承盘短管；7—新接支管

1.1.6.3.2 稳管

稳管是将管子按设计的高程与平面位置稳定在沟槽基础上。如果分节下管，其稳管与下管均同时进行，即第一节管下到沟槽内后，随即将该节管位置稳定，继而下所需的第二节管并与第一节管对口，对口合格后并稳定，再下第三节管……依次类推。稳管应达到"管的平面位置、高程、坡度坡向及对口等尺寸符合设计和安装规范"的要求。

1. 中线控制

应让管中心与设计位置在一条线上，可用中心线法和边线法进行控制。

2. 高程控制

通过水准仪测量管顶或管底的标高，使之符合设计的高程要求。控制中心线与高程必须同时进行，使两者同时符合设计规定。

3. 对口控制

钢管常采用焊接，焊接端对口间隙应符合焊接要求。承插式接口的直线管道对口间隙和环向间隙应符合表 1.1.19 的规定。

表 1.1.19 　　　　承插管道接口对口间隙和环向间隙

DN/mm	对口间隙/mm	环向间隙/mm	DN/mm	对口间隙/mm	环向间隙/mm
75	4	10^{+3}_{-2}	600～700	7	11^{+3}_{-2}
100～200	5	10^{+3}_{-2}	800～900	8	12^{+4}_{-2}
300～500	6	11^{+4}_{-2}	1000～1200	9	13^{+4}_{-2}

4. 管道自弯水平借距控制

一般情况下，可采用 90°弯头、45°弯头、22.5°弯头、11.25°弯头进行管道平面转弯，如果弯曲角度小于 11°时，则可采用管道自弯作业。

承插式铸铁管的容许转角和借距见表 1.1.20。

5. 管道反弯借高找正

排管时，当遇到地形起伏变化较大、新旧管道接通或翻越其他地下设施等情况时，可采用管道反弯借高找正作业。

表 1.1.20　　　　　　　　承插式铸铁管的容许转角和借距

DN/mm	D_0/mm	承口深度 /mm	承插口缝宽 /mm	容许转角	容许借距/mm	
					管长/4m	管长/6m
75	93.0	90	10	6°20′	441	662
100	118.0	95	10	6°01′	419	629
150	189.0	100	10	5°40′	393	589
200	220.0	100	10	4°21′	302	453
300	322.8	105	11	3°06′	216	325

管道反弯借高主要是在已知借高高度 H 值的条件下，求出弯头中心斜边长 L 值，并以 L 值作为控制尺寸进行管道反弯借高作业，L 值计算方法如下：

当采用 45°弯头时，有

$$L_1 = 1.414 \times H(\text{m})$$

当采用 22.5°弯头时，有

$$L_2 = 2.611 \times H(\text{m})$$

当采用 11.25°弯头时，有

$$L_3 = 5.128 \times H(\text{m})$$

1.1.7　给水管道接口

金属给水管（如钢管、铸铁管）在管道敷设前应做好内外防腐处理，一般铸铁管内外壁涂刷热沥青，钢管内外壁涂刷油漆、水泥砂浆、沥青及玻璃钢等加厚防腐层。

1.1.7.1　给水铸铁管接口

常见的给水铸铁管接口形式有承插式和法兰式两种。承插式接口分刚性接口和柔性接口。铸铁管在插口与承口对口前，应用乙炔焊枪烧掉插口与承口处的防腐沥青，并用钢刷清除沥青渣。

1.1.7.1.1　承插式刚性接口

承插式铸铁管刚性接口常用麻—石棉水泥、石棉绳—石棉水泥、麻—膨胀水泥砂浆、麻—铅、橡胶圈—水泥接口等几种。

1. 麻—石棉水泥接口

麻是广泛采用的一种挡水材料，以麻辫形状塞进承口与插口间环向间隙。麻辫的直径约为缝隙宽的 1.5 倍，其长度较管口周长长 100～150mm 作为搭接长度，视情况塞 1～3 圈麻辫；每圈麻辫用錾子填打紧密。錾子如图 1.1.36 所示。麻辫填塞完成后，再用石棉水泥填塞并分层打紧。

石棉水泥是纤维加强水泥，有较高的抗压强度，石棉纤维对水泥颗粒有很强的吸附能力，水泥中掺入石棉纤维可提高接口材料的抗拉

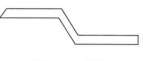

图 1.1.36 錾子

强度，水泥在硬化过程中收缩，石棉纤维可阻止其收缩，提高接口材料与管壁的黏着力和接口的水密性。石棉水泥是采用具有一定纤维长度的 Ⅳ 级石棉和 425 号以上硅酸盐水泥，使用之前应将石棉晒干弹松，不应有结块，其施工配合比为石棉：硅酸盐水泥＝3：7，加水量约为石棉水泥总重的 10％，视气温与大气湿度酌情增减水量。拌和时，先将石棉与水泥干拌，拌至石棉水泥颜色一致，然后将定量的水徐徐倒进，随倒随拌，拌匀为止。实践中，使拌料以捏能成团、抛能散开为准，加水拌制的石棉水泥灰应当在 1h 之内用毕。

打口时，应将石棉水泥填料分层填打，每层实厚不大于 25mm，灰口深在 80mm 以上采用"四填十二打"，即第一次填灰口深度的 1/2，打三遍；第二次填灰深约为剩余灰口的 2/3，打三遍；第三次填平打三遍；第四次找平打三遍。如灰口深为 60～80mm 者可采用"三填九打"。打好的灰口要比承口端部凹进 2～3mm，当听到金属回击声，水泥发青析出水分，若用力连击三次，灰口不再发生内凹或掉灰现象，接口作业即告结束。

为了提供水泥的水化条件，在接口完毕之后，应立即在接口处浇水养护，养护时间为 1～2d，其养护方法是：春、秋两季每天浇水两次；夏季在接口处盖湿草袋，每天浇水四次；冬季在接口抹上湿泥，覆土保温。

2. 石棉绳—石棉水泥接口

石棉绳—石棉水泥接口与麻—石棉水泥接口的区别是用石棉绳代替麻辫，石棉绳具有良好的水密性与耐高温性。

3. 麻—膨胀水泥砂浆接口

在接口处按麻—石棉水泥接口的填麻方法打麻辫，再进行膨胀水泥砂浆填塞。膨胀水泥在水化过程中体积膨胀，增加其与管壁的黏着力，提高了水密性，而且产生封密性微气泡，提高接口抗渗性能。

膨胀水泥由作为强度组分的硅酸盐水泥和作为膨胀剂的矾土水泥及二水石膏组成，其施工配合比为 425 号硅酸盐水泥∶400 号矾土水泥∶二水石膏＝1∶0.2∶0.2。用作接口的膨胀水泥水化膨胀率不宜超过 150%，接口填料的线膨胀系数控制在 1%～2%，以免胀裂管口。

膨胀水泥砂浆，采用洁净中砂，最大粒径不大于 1.2mm，含泥量不大于 2%。膨胀水泥砂浆施工配合比通常采用膨胀水泥∶砂∶水＝1∶1∶0.3。当气温较高或风力较大时，用水量可酌量增加，但最大水灰比不宜超过 0.35。膨胀水泥砂浆拌和应均匀，一次拌和量应在初凝期内用毕。

接口操作时，不需要打口，可将拌制的膨胀水泥砂浆分层填实，用錾子将各层捣实，最外一层找平，比承口边缘凹进 1～2mm。

膨胀水泥水化过程中硫酸铝钙的结晶需要大量的水，因此其接口应采用湿养护，养护时间为 12～24h。

实践表明：膨胀水泥砂浆除去用作一般条件下管道接口材料之外，还可用于引接分支管等抢修工程的管道接口作业。此时，接口填料配合比可以采用膨胀水泥∶砂∶水＝1.25∶1∶0.3，另外再加水泥重量的 4% 的氯化钙，接口完毕，养护 4～6h 即可通水。其中，要特别注意控制氯化钙的投加量，其投加量不可大于4%，否则强度增加到一定值后可能会因继续膨胀而使管头破坏。加氯化钙之接口材料应在 30～40min 内用毕。

4. 麻—铅接口

在接口处按麻—石棉水泥接口的填麻方法打麻辫，再进行灌铅。铅接口具有较好的抗震、抗弯性能，接口的地震破坏率远较石棉水泥接口低。铅接口操作完毕后可立即通水。由于铅具有柔性，因此接口渗漏可不必剔口，仅需锤铅堵漏。在市政给水管道工程中，如管道过河、穿越铁路、道路、地基不均匀沉陷等特殊地段及新、旧管子衔接开三通等抢修工程时仍采用铅接口。

铅的纯度应在 90% 以上，灌铅前，把接口所需铅质量放进铅化锅，加热熔化。当熔铅呈紫红色时，即为灌铅的适宜温度。灌铅的管口必须干净和干燥，雨天禁止灌铅，否则易引起溅铅或爆炸，造成人身伤害。在灌铅前应在管口安装石棉绳，绳与管壁接触处敷泥堵严，并留出灌铅口。灌铅操作如图 1.1.37 所示。

图 1.1.37　灌铅操作

每个铅接口应一次浇完，灌铅凝固后，先用铅钻切去铅口的飞刺，再用薄口錾子贴紧管身，沿插口管壁敲打一遍，一钻压半钻，而后逐渐改用较厚口錾子重复上法各打一遍至打实为止，最后用厚口錾子找平。

5. 橡胶圈—水泥接口

橡胶圈—水泥接口与麻—石棉水泥接口的区别是用橡胶圈代

替麻辫。

橡胶圈外观应粗细均匀，椭圆度在容许范围内，质地柔软、无气泡、无裂缝、无重皮，接口平整牢固，橡胶圈内环径一般为插口外径的 0.86～0.87 倍，压缩率以 35％～40％为宜。

对于橡胶圈接口，在对口之前，应将橡胶圈套在插口上，并先清除管口杂物，这一点应引起特别注意，以免重新对口。打口时，将橡胶圈紧贴承口，橡胶圈模棱应在一个平面上，不能拧成麻花形。先用錾子沿管外皮着力将橡胶圈均匀地打入承口内，开始打时，须在二点、四点、八点……慢慢扩大的对称部位上用力锤击。橡胶圈要打至插口小台，橡胶圈吃深要均匀，不可在快打完时出现多余一段形成像"鼻子"形状的"闷鼻"现象，也不能出现深浅不一致及裂口等现象。若有一处难以打进，表明该处环向间隙太窄，可用錾子将该处撑大后再打。

橡胶圈填塞完成后，其橡胶圈外层的填料一般为石棉水泥或膨胀水泥砂浆。

1.1.7.1.2　承插式柔性接口

上述几种承插式刚性接口，抗应变能力差，受外力作用容易产生填料碎裂造成管内水外渗等事故，尤其在松软地基地带和强震区，接口破碎率高，为此可采用以下柔性接口。

1. 楔形橡胶圈接口

楔形橡胶圈接口的承口内壁为斜形槽，插口端部加工成坡形。安装时，先在承口斜槽内嵌入起密封作用的楔形橡胶圈，再对口使插口对准承口而使楔形橡胶圈紧固在接口处（见图 1.1.38）。由于承口内壁斜形槽的限制作用，橡胶圈在管内水压的作用下与管壁压紧，具有自密性，使接口对于承插口的椭圆度、尺寸公差、插口轴向相对位移及角位移具有很好的适应性。

楔形橡胶圈接口抗震性能良好，能提高施工进度，减轻劳动强度。

2. 其他形式橡胶圈接口

其他形式橡胶圈接口有橡胶圈螺栓压盖形、橡胶圈中缺形、

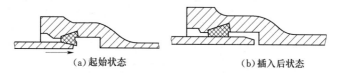

(a)起始状态   (b)插入后状态

图 1.1.38   承接口楔形橡胶圈接口

橡胶圈角唇形、橡胶圈圆形等，均为接口的改进施工工艺。如图
1.1.39 所示。

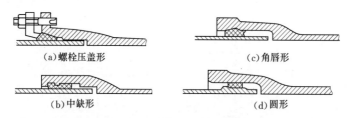

(a)螺栓压盖形   (c)角唇形

(b)中缺形   (d)圆形

图 1.1.39   其他形式橡胶圈接口

螺栓压盖形的主要优点是抗震性能良好，安装与拆修方便；
缺点是配件较多，造价较高。中缺形是插入式接口，接口仅需一
个橡胶圈，操作简单，但承口制作尺寸要求较高。角唇形的唇口
可以固定安装橡胶圈，但橡胶圈耗胶量较大，造价较高。圆形具
有耗胶量小、造价较低的优点，但其仅适用于离心铸铁管。

1.1.7.2   塑料管连接

塑料管连接方法根据管材种类、工作条件以及管道敷设条件
而定（见表 1.1.21）。

表 1.1.21   塑料管的连接方法

连接方法	示图	管材名称	连接法使用范围
对口接触焊		高压聚乙烯、低压聚乙烯、聚丙烯	壁厚＞4mm，管径$DN \geqslant 50$mm
套管连接		低压聚乙烯、聚丙烯	壁厚＜4mm，管径$DN \leqslant 140$mm 的承压管
承口接触焊		高压聚乙烯、低压聚乙烯、聚丙烯	壁厚＜4mm，管径$DN \leqslant 160$mm 的承压管

连接方法	示图	管材名称	连接法使用范围
黏结		聚氯乙烯	$DN \leqslant 225mm$ 的承压及非承压管道
加橡胶圈的承口连接		高压聚乙烯、低压聚乙烯、聚丙烯、聚氯乙烯	$DN < 160mm$ 的非承压管道
卷边法兰连接		高压聚乙烯、低压聚乙烯、聚丙烯、聚氯乙烯	非承压及压力低于2MPa的承压管道,连接到阀件、金属部件及管子上
加厚卷边法兰连接		高压聚乙烯、低压聚乙烯、聚丙烯	非承压管道,连接到阀件、金属部件及管子上
加披罩螺母		高压聚乙烯、低压聚乙烯、聚丙烯、聚氯乙烯	承压管道,连接到螺纹阀件、金属螺纹部件及卫生器具上

注 1. 接触焊时周围空气温度:高压聚乙烯、低压聚乙烯不低于10℃;聚丙烯不低于0℃。

2. 对接焊的管子,管径应相同,错口不大于壁厚的10%。

1.1.8 水压试验及管道冲洗、消毒

1.1.8.1 管道的水压试验

管道敷设安装完毕后,给水管道必须做压力管道水压强度和严密试验。

水压试验前,准备试验所需的一切材料及加压设备,如堵板、进水管、排放配件、试压泵、压力计等。

管道试压前,回填土不得低于管顶500mm深,管道已固定牢固。

给水管道分段试压。试验压力为工作压力的1.5倍,不小于0.6MPa。试验压力下,稳压1h压力降不大于0.05MPa,然后降至工作压力检查,压力保持不变,不渗不漏。

1.1.8.2 管道冲洗、消毒

冲洗水的排放管应接入可靠的排水井或排水沟,并保持通畅

和安全。排放管截面不应小于被冲洗管截面的 60%。冲洗共分两次：第一次以流速不小于 1.5m/s 的冲洗水连续冲洗，直到出水口处冲洗水的浊度、色度与入水口处的相同为止。第二次用含量为 20mg/L 氯离子浓度的清洁水浸泡 24h 后，再次进行冲洗，直到水质管理部门取样检验合格为止。管道消毒后，水质须经水质部门检验合格后方可投入使用。

1.1.9 沟槽回填

给水排水管道施工完毕并经检验合格后应及时进行土方回填，以保证管道的正常位置，避免沟槽（基坑）坍塌，并尽可能早日恢复地面交通。

1.1.9.1 回填土方夯实方法

沟槽回填土夯实通常采用人工夯实和机械夯实两种方法。

管顶 50cm 以下部分返土的夯实，应采用轻夯，夯击力不应过大，防止损坏管壁与接口，可采用人工夯实。

管顶 50cm 以上部分返土的夯实，应采用机械夯实。常用的夯实机械有蛙式夯、内燃打夯机、履带式打夯机及轻型压路机等几种。

1. 蛙式夯

由夯头架、拖盘、电动机和传动减速机构组成，如图 1.1.40 所示。该机具轻便、构造简单，目前广泛采用。

例如功率为 2.8kW 蛙式夯，在最佳含水率条件下，铺土厚 200cm，夯击 3~4 遍，压实系数可达 0.95 左右。

2. 内燃打夯机

内燃打夯机又称"火力夯"，一般用来夯实沟槽、基坑、墙边墙角，同时方便返土。

3. 履带式打夯机

履带式打夯机，用履带起重机提升重锤，夯锤重 9.8~39.2kN，夯击高度为 1.5~5.0m。夯实土层的厚度可达 3m，它适用于沟槽上部夯实或大面积夯土工作。

图 1.1.40　蛙式夯

4．轻型压路机

沟槽上层土层的夯实，常采用轻型压路机，工作效率较高。碾压的重叠宽度不得小于 20cm。

1.1.9.2　土方回填的施工

沟槽回填前，应建立回填制度。根据不同的夯实机具、土质、密实度要求、夯击遍数、走夯形式等确定返土厚度和夯实后厚度。

沟槽回填前，管道基础混凝土强度和抹带水泥砂浆接口强度应不小于 5MPa，现浇混凝土管渠的强度应达到设计规定，砖沟或管渠顶板应装好盖板。

沟槽回填顺序，应按沟槽排水方向由高向低分层进行。

返土一般用沟槽原土，槽底到管顶以上 50cm 范围内，不得含有机物、冻土以及大于 50mm 的砖、石等硬块，冬期回填时在此范围以外可均匀掺入冻土，其数量不得超过填土总体积的 15%，并且冻块尺寸不得超过 100mm。回填时，槽内不得有积水，不得回填淤泥、腐殖土及有机质。沟槽两侧应同时回填夯实，以防管道产生位移。回填土时不得将土直接砸在抹带接口和防腐绝缘层上。夯实时，胸腔和管顶上 50cm 内，夯击力不应过大，否则会使管壁和接口或管沟壁开裂，因此应根据管道线管沟强度确定夯实方法。管道两侧和管顶以上 50cm 范围内，应采用轻夯压实，两侧压实面的高度不应超过 30cm。每层土夯实后，应检测密实度。测定的方法有环刀法和贯入法两种。采用环刀法时，应确定取样的数目和地点。由于表面土常易夯碎，每个土样应从每层夯实土的中间部分切取。土样切取后，根据自然密度、含水率、干密度等数值，即可算出密实度。回填应使槽上土面略呈拱形，以免日久因土沉陷而造成地面下凹。拱高，一般为槽宽的 1/20，常取 15cm。

回填施工包括返土、摊平、夯实、检查等施工过程。其中关键是夯实，应符合设计所规定的密实度要求。依据《给水排水管道工程施工及验收规范》（GB 50268—2008）要求，管道沟槽位于路基范围内时，管顶以上 25cm 范围内回填土表层的密实度应不小于 87%，其他部位回填土的密实度如图 1.1.41 所示，管道两侧回填土的密实度不应小于 90%；当前没有修路计划的回填土，在管道顶部以上高为 50cm，管道结构两侧密实度应不大于

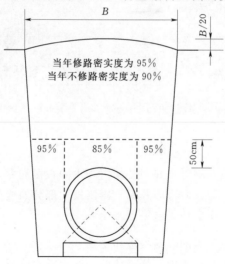

图 1.1.41　沟槽回填密实度要求

85%，其余部位，当设计文件没有规定时，应不小于90%。此外，也可以根据经验取值，沟槽各部位回填土密实度，如图1.1.41所示。

1.1.10　管线阀门井的施工

阀门井的砌筑步骤如下：

（1）安装管道时，准确测定井的位置。

（2）砌筑时认真操作，管理人员严格检查，选用同厂同规格的合格砖，砌体上下错缝，内外搭砌、灰缝均匀一致，水平灰缝凹面灰缝，宜取5～8cm；井里口竖向灰缝宽度不小于5mm，边铺浆边上砖，一揉一挤，使竖缝进浆；收口时，层层用尺测量，每层收进尺寸，四面收口时不大于3cm，三面收口时不大于4cm，保证收口质量（见图1.1.42）。

图 1.1.42　阀门井的砌筑

（3）安装井圈时，井墙必须清理干净，湿润后，在井圈与井墙之间摊铺水泥浆后稳固井圈，露出地面部分的检查井，周围浇筑注混凝土，压实抹光（见图1.1.43）。

1.1.11　管线工程的质量检验和交工

管线工程在施工中，严格按照《给水排水管道工程施工及验收规范》（GB 50268—2008），对工程质量进行严格的检验，并

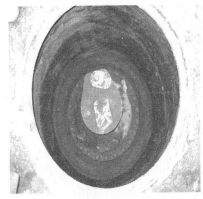

图 1.1.43　阀门井井圈

取得监理公司和当地工程质检站的监督和指导。严格对土建工程
和管道安装工程两个分部工程的每道工序做出施工记录和质量验
评记录。

　　交工验收是管道工程施工完毕后交付生产使用前必须进行的
一项工作。它是全面考核、检验设计和安装质量的重要环节，也
是基本建设的最后一道程序。管道工程的交工验收应按分项、分
部或单位工程验收。分项、分部工程应由施工单位会同建设单位
共同验收；单位工程应由建设工程质检单位、施工、设计、建设
及有关单位联合验收，应做好记录、签署文件、立卷归档。

1.1.11.1　交工验收

　　交工验收包括中间验收和竣工验收。

　　1. 中间验收

　　中间验收是管道工程施工中不可缺少的重要环节。中间验收
时，应对施工中发现的问题及时处理，以免造成后患，为保证工
程质量打下良好的基础。

　　为了保证管道工程施工的质量，在施工过程中，除了施工人
员自检、互检外，在一些重要环节，还应要求质量管理员人及建
设单位参加验收。例如，锅炉胀管后的水压试验、隐蔽工程隐蔽
前的验收等必须组织专人验收，并及时填写记录。

中间验收包括以下内容：管子和阀门的验收记录，阀门的试压、研磨记录，高压管子、管件的加工记录，管子、阀门的合格证和紧固件的校验报告；伸缩管的预拉伸或预压缩记录；隐蔽工程施工检查记录；试压管道；吹洗脱脂记录；管道的防腐；绝热记录等。

2. 竣工验收

管道工程施工完毕后，应按设计图纸对现成管道进行全面复查验收。

竣工的验收包括以下内容：管道的坐标、标高和坡度是否正确，连接点或接口是否严密，各类管道的支架、挡墩，吊架安装的牢固性是否齐全，合金钢管道是否有材质标记，卫生器具的安装是否牢固；给水管道系统的通水能力；各种管道防腐层的种类和管道基础层的结构情况，各种仪表的灵敏度和阀类启闭的灵活性及安全阀、防爆阀安全设施是否符合规范要求等。

1.1.11.2 竣工技术文件

管道工程竣工验收时，施工单位应提交下列技术文件：

(1) 中间验收的全部记录和隐蔽工程记录。

(2) 施工图、设计修改文件及材料代用记录。

(3) 管子及管件（包括焊接材料）材质合格证，管子、管件的光谱分析复查记录。

(4) Ⅰ、Ⅱ类焊缝的焊接工作记录，Ⅰ类焊缝位置单线图。

(5) 管道焊缝热处理及着色检查记录。

(6) 管道绝热工程记录。

(7) 设备试运转记录。

(8) 工程质量事故处理记录。

(9) 竣工图。工程变化不大时，由施工单位在原图上加以注明；变更大时，由建筑单位会同施工单位和设计单位绘制竣工图。

(10) 签订竣工验收证明书。经过全面检查验收，当整个工程符合设计要求和质量标准后，应签订工程竣工验收证明书，作为施工质量的法律保证的依据。

1.2 室内给水管道的安装施工

室内村镇供水的给水管道管材很多，为了让大家能掌握不同材质的安装技术，下面分不同材质分别简述其安装技术。

1.2.1 室内金属给水管道及附件的安装

1.2.1.1 工艺流程

室内金属给水管道及附件安装的工艺流程是：测量放线→预埋与预制加工→支架、吊架安装→干管安装→立管安装→支管安装→阀门安装→试压→管道冲洗→管道消毒。

1.2.1.2 室内金属给水管道及附件操作工艺

安装时，一般从总进水入口开始操作，总进口端口安装临时丝堵以备试压用，将预制好的管道运到安装部位按编号依次排开。安装前清扫管腔，螺纹连接管道抹上铅油缠好生料带，用管钳按编号依次上紧，螺纹外露2~3个螺距，安装完后找正找直，复核管径、方向和甩口位置。

1. 测量放线

依据施工图进行放线，按实际安装的结构位置做好标记，确定管道支吊架的位置。

2. 预埋与预制加工

（1）孔洞预留（见图1.2.1）。根据施工图中给定的穿管坐标和标高在模板上做好标记，将事先准备的模具用钉子在模板或用钢筋绑扎在周围的钢筋上，固定牢靠。

（2）套管预埋（见图1.2.2）：

1）管道穿越地下室和地下构筑物的外墙、水池壁等均需设置防水套管。

2）穿墙套管在土建砌筑时及时套入，位置准确。过混凝土板墙的管道，在混凝土浇筑前安装好套管，与钢筋固定牢，同时在套管内放入松散材料，防止混凝土进入套管内。管道与套管之间的空隙用阻火填料密封。

图 1.2.1 孔洞预留

图 1.2.2 套管预埋

（3）预制加工：

1）按设计图画出管道分路、管径、变径、预留管口及阀门位置等施工草图，按标记分段量出实际安装的准确尺寸，记录在施工草图上，然后按草图测得的尺寸预制组装。

2）沟槽加工应按厂家操作规程执行。

3. 支架、吊架安装

支架、吊架安装如图1.2.3所示。

图 1.2.3　支架、吊架安装

（1）按不同管径和要求设置相应管卡，位置应准确，埋设应平整。

（2）固定支架、吊架应有足够的刚度、强度，不得产生弯曲变形。

（3）钢管水平安装支架、吊架的间距不得大于表1.2.1的规定。

表 1.2.1　　　　钢管管道支架、吊架的最大间距

公称直径/mm		15	20	25	32	40	50	70	80	100	125	150	200	250	300
最大间距/m	保温管	2	2.5	2.5	2.5	3	3	4	4	4.5	6	7	7	8	8.5
	不保温管	2.5	3	3.5	4	4.5	5	6	6	6.5	7	8	9.5	11	12

4. 干管安装

（1）给水铸铁管的安装：

1）清扫管膛及承插口内外侧的赃物，承口朝来水方向顺序排列，连接的对口间隙应不小于3mm，找平后固定管道。管道拐弯和始端处应固定，防止捻口时发生轴向移动，管口随时封堵好。

2）水泥接口、捻麻时将油麻绳拧成麻花状，用麻钎捻入承口内，承口周围间隙应保持均匀，一般捻口两圈半，约为承口深度的1/3。将油麻捻实后进行捻灰（水泥强度等级32.5级、水灰比1∶9）；用捻凿将灰填入承口，随填随捣，直至将承口打满。承口捻完后应用湿土覆盖或用麻绳等物缠住接口进行养护，并定时浇水，一般养护2～5天。冬季应采取防冻措施。

3）采用青铅接口的给水铸铁管在承口油麻打实后，用定型卡箍或包有胶泥的麻绳紧贴承口，缝隙用胶泥抹严，用化铅锅加热铅锭至约500℃（液面呈紫红颜色），水平管灌铅口位于上方，将熔铅缓慢灌入承口内，使空气排出。对于大管径管道灌铅速度可适当加快，防止熔铅中途凝固。每个铅口应一次灌满，凝固后立即拆除卡箍或泥模，用捻凿将铅口打实（铅接口也可采用捻铅条的方式）。

（2）给水镀锌管安装：

1）螺纹连接。管道抹上铅油缠好生料带，用管钳按编号依次上紧，螺纹外露2～3个螺距，安装完后找正找直，复核管径、方向和甩口位置，清扫麻头，做好防腐，所有管口要做好临时封堵。

2）法兰连接。管径小于或等于100mm宜用螺纹法兰，管径大于100mm应用焊接法兰，二次镀锌。法兰盘连接衬垫，一般冷水管采用橡胶垫，生活热水管采用耐热橡胶垫，垫片要与管径同心，不得多垫。

3）沟槽连接。胶圈安装前除去管口端密封处的赃物，胶圈套在一根管的一端，然后将另一根管的一端与该管口对齐、同轴、两端要求留一定的空隙，再移动胶圈，使胶圈与两侧钢管的沟槽距离相等。胶圈外表面涂上专用润滑剂或肥皂水，将两瓣卡箍进沟槽内，再穿入螺栓，并均匀地拧紧螺母。

5. 立管安装

（1）立管明装。每层从上至下统一吊线安装管卡件，将预制好的立管按编号分层排开，顺序安装，对好调直时的印记，复核甩口的高度、方向是否正确，支管甩口做好临时封堵。立管阀门安装的朝向应便于检修，安装完用线坠吊直找正，配合土建堵好楼板洞。

（2）立管暗装。竖井内立管安装的卡件应按设计和规范要求设置，安装在墙内的立管宜在结构施工时预留管槽，立管安装时吊直找正，用卡件固定，支管甩口应明露并做好临时封堵。

6. 支管安装

预制好的支管从立管甩口处依次进行安装，有阀门应将阀门盖卸下再安装，根据管道的长度适当加好临时固定卡，核定不同卫生器具的冷热预留口高度，位置是否正确，找平找正后装支管卡件，上好临时丝堵。

（1）支管明装。安装前应配合土建正确预留孔洞和预埋套管。支管如装有水表应先装上连接管，试压、冲洗合格后在交工前卸下连接管，安装水表。

（2）管道嵌墙、直埋敷设时，宜在砌墙时预留凹槽（见图1.2.4）。凹槽尺寸：深度为 D_e+20mm，宽度为 D_e+30mm。凹槽表面必须平整，管道安装、固定、试压合格后用 M7.5 级水泥砂浆填补。

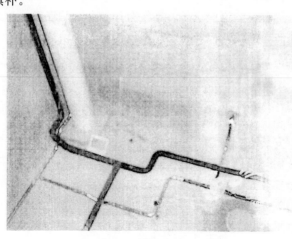

图 1.2.4　金属管道嵌墙、直埋敷设

（3）管道在楼板面层直埋时，应在板找平层预留管槽。管槽尺寸：其深度大于或等于 $D_e + 20mm$，宽度为 $D_e + 30mm$。管道安装、固定、试压合格后用与板找平层相同的水泥砂浆填补。

（4）管道穿墙时可预留孔洞，墙管或孔洞内径宜为管外径 $D_e + 50mm$。

（5）支管暗装。确定支管高度后画线定位，剔出管槽，将预制好的支管敷在槽内，找平、找正定位后用勾钉固定。卫生器具的冷热水预留口要做在明处，加好丝堵。

7. 阀门安装

阀门安装前应做耐压强度试验，试验应每批（同牌号、同规格、同型号）数量中抽查 10% 且不小于 1 个，如有漏不合格应再抽查 20%，仍有不合格的则应逐个试验。阀门强度试验是阀门在开启状态下试验，检查阀门外表面的渗漏情况。阀门严密性试验是指阀门在关闭状态下试验，检查阀门密封面是否渗漏。对于安装在主干管上起切断作用的闭路阀门应逐个进行强度和严密性试验，强度试验压力为公称压力的 1.5 倍，严密性试验压力应为公称压力的 1.1 倍。

阀门安装的一般规定：

（1）阀门与管道或设备的连接有螺纹和法兰连接两种。安装螺纹阀门时，两法兰应互相平行且同心，不得使用双垫片。

（2）水平管道上阀门、阀杆、手轮宜向上安装，不可朝下安装。

（3）并排立管上的阀门，高度应整齐一致，手轮之间应便于操作，净距应不小于 100mm。

（4）安装有方向要求的减压阀、止回阀、截止阀，一定要使其安装方向与介质的流动方向一致。

（5）换热器、水泵等设备安装体积和重量较大的阀门时，应单设阀门支架，操作频繁、安装高度超过 1.8m 的阀门，应设固定的操纵平台。

（6）安装于地下管道上的阀门应设在阀门井内或检查井内。

（7）减压器的安装是以阀组的形式出现的。阀组由减压阀、前后控制阀、压力表、Y型过滤器、可挠性橡胶接头及螺纹连接的三通、弯头、活接头等管件组成。阀组则称为减压器。减压阀有方向性，安装时不得反装。

8. 管道试压

管道试验压力为管道工作压力的 1.5 倍，但不得小于 0.6MPa。管道水压试验应符合下列规定：

（1）水压试验前管道应固定牢靠，接头须明露，支管不宜连通卫生器具配水件。

（2）加压宜用手压泵，泵与测量压力的压力表应装在管道系统的底部最低点（不在最低点应折算几何高差的压力值），压力表精度为 0.01MPa，量程为试压值的 1.5 倍。

（3）管道注满水后排出管内空气，封堵各排气出口，进行严密性检查。

（4）缓慢升压，升至规定试验压力，10min 内压力降不得超过 0.02MPa，然后降至工作压力检查，压力应不降且不渗不漏。

（5）直埋在地板面层和墙体内的管道，分段进行水压试验，试验合格后土建方才可继续施工。

9. 管道冲洗、通水试验

（1）管道系统在验收前必须进行冲洗，冲洗水应采用生活饮用水，流速不得小于 1.5m/s。连续进行，当出水与进水水质的透明度一致为合格。

（2）系统冲洗完毕后应进行通水试验，按给水系统的 1/3 配水点同时开放，各排水点通畅，接口处无渗漏。

10. 管道消毒

（1）给水管道使用前应进行消毒。管道冲洗通水后把管道内水放空，各配水点与配水件连接后，进行管道消毒，向管道灌注消毒溶剂浸泡 24h 以上。消毒结束后，放空管道内消毒液，再用生活饮用水冲洗管道。

（2）管道消毒完后打开进水阀向管道供水，打开配水龙头适当放水，在管网最远处取水样，经卫生监督部门检验合格后方可交付使用。

1.2.2 室内非金属给水管道及附件的安装

1.2.2.1 工艺流程

室内非金属给水管道及附件安装工艺流程是：测量放线→加工→管道敷设、连接→管道固定→水压试压→管道冲洗→管道消毒。

1.2.2.2 钢塑复合管安装工艺

钢塑复合管的安装同金属给水管道的安装。

1.2.2.3 PPR塑料给水管安装工艺

1. 测量放线

依据施工图进行放线，按实际安装的结构位置做好标记，确定管道支吊架的位置；同时管道的标识应面向外侧，处于明显位置。

2. 预制加工

（1）管材切割前必须测量和计算好管长，用铅笔在管表面画出切割线和热熔连接深度线，连接深度见管材要求。

（2）切割管材应用管子剪、断管器、管道切割机，不宜用钢锯。

3. 管道敷设

管道敷设如图1.2.5所示。

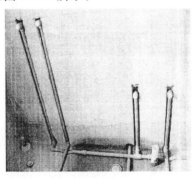

图1.2.5 PPR管道安装放线、预埋、固定

（1）管道嵌墙、直埋敷设时，宜在砌墙时预留凹槽。凹槽尺寸：深度为 $D_e+20\text{mm}$，宽度为 $D_e+(40\sim60)\text{mm}$。凹槽表面必须平整，管道安装、固定、试压合格后用 M7.5 级水泥砂浆填补。

（2）管道在楼板面层直埋时，应在板找平层预留管槽。管槽尺寸：深度为大于或等于 $D_e+20\text{mm}$，宽度为 $D_e+40\text{mm}$。管道安装、固定、试压合格后用与板找平层相同的水泥砂浆填补。

（3）PPR 管道与其他金属管平行敷设，之间应留有一定的保护距离（$\geqslant100\text{mm}$），且 PPR 管宜在金属管的内侧。

（4）室内明装管道安装前，应配合土建预留孔洞和预埋套管，管穿楼板应设硬质套管（内径为 $D_e+30\sim40\text{mm}$），套管两端应与墙的装饰面持平。

（5）建筑物埋地引入管或室内埋地管道铺设要求如下：

1）室内地坪±0.00 以下管道铺设分两阶段进行。先铺设室内管至基础墙外壁 500mm 为止，待土建施工结束，再进行户外管道的铺设。

2）室内地坪±0.00 以下管道铺设，待土建回填土夯实，重新开挖管沟敷设。

3）管道穿越基础墙处应设金属套管。套管顶与基础墙预留孔的孔顶之间应留高度，并应按建筑物的沉降量确定，但应不小于 100mm。

4. 管道连接

（1）热熔连接：按设计图将管材插入管件，达到规定的热熔深度。

（2）法兰连接：将法兰盘套在管道上，有止水线的面应相对；校正 2 个对应的连接件，使连接的 2 片法兰垂直于管道中心线，表面相互平行；法兰衬垫应采用耐热无毒橡胶垫；法兰连接部位应设置支架、吊架。

5. 卡件固定

（1）管道安装时应选择相应的管卡。

（2）采用金属支架、吊架、管卡时宜采用扁铁制作的鞍形管卡，不得采用圆钢制作的 U 形管卡。

（3）立管、横管的支架、吊架或管卡的间距不得大于表1.2.2和表1.2.3的规定，直埋式管道的管卡间距，冷、热水管均可采用 1.00～1.50m。

表 1.2.2　　　　冷水管支架、吊架的最大间距

公称外径 /mm	20	25	32	40	50	63	75	90	110
横管/m	0.40	0.50	0.65	0.80	1.00	1.20	1.30	1.50	1.80
立管/m	0.70	0.80	0.90	1.20	1.40	1.60	1.80	2.00	2.20

表 1.2.3　　　　热水管支架、吊架的最大间距

公称外径 /mm	20	25	32	40	50	63	75	90	110
横管/m	0.30	0.40	0.50	0.65	0.70	0.80	1.00	1.10	1.20
立管/m	0.60	0.70	0.80	0.90	1.10	1.20	1.40	1.60	1.80

6. 压力试验

（1）冷水管试验压力应为管道系统设计工作压力的 1.5 倍，但不得小于 1.0MPa。

（2）热水管试验压力应为管道系统设计工作压力的 2.0 倍，但不得小于 1.5MPa。

7. 冲洗、消毒

（1）管道系统在验收前必须进行冲洗，冲洗水应采用生活饮用水，流速不得小于 1.5m/s。冲洗应连续进行，直到出水和进水水质的透明度一致为合格。

（2）给水管道使用前应进行消毒。管道冲洗通水后把管道内水放空，各配水点与配水件连接后，进行管道消毒，向管道灌注消毒溶剂浸泡24h以上。消毒结束后，放空管道内消毒液，再用生活饮用水冲洗管道。

（3）管道消毒完成后打开进水阀向管道供水，打开配水龙头

适当放水，在管网最远处取水样，经卫生监督部门检验合格后方可交付使用。

1.2.3 室内给水设备及附件的安装

1.2.3.1 工艺流程

室内给水设备及附件安装的工艺流程是：开箱验收→基础验收→设备安装→设备单体试验。

1.2.3.2 设备开箱验收操作工艺

（1）设备进场后应会同建设、监理单位共同进行设备开箱验收，按照设计文件检查设备的规格、型号是否符合要求，技术文件是否齐全，并做好相关记录。

（2）按装箱清单和设备技术文件，检查设备所带备件、配件是否齐全有效，设备所带的资料和产品合格证是否齐备、正确，设备表面是否有损坏、锈蚀等现象。

1.2.3.3 设备基础验收操作工艺

（1）基础混凝土的强度等级是否符合设计要求。

（2）核对基础的几何尺寸、坐标、标高、预留孔洞是否符合设计要求，并做好相关的质量记录。

1.2.3.4 设备安装操作工艺

（1）设备就位。复核基础的几何尺寸，地脚螺栓孔的大小、位置、间距和垂直度是否符合要求；用水平尺测定纵横向水平度，修整找平后，进行设备就位。

（2）水泵安装。水泵按其安装形式分为带底座水泵和不带底座水泵。带底座水泵是指水泵与电机一起固定在同一底座上，工程中多用带底座水泵；不带底座水泵是指水泵与电机分设基础，工程中并不多用。

水泵的安装程序是放线定位、基础预制、水泵安装配管及附近安装和水泵的试用转。

1）水泵的基础：水泵就位前的基础混凝土的强度、坐标、标高、尺寸和螺栓孔位置必须符合设计要求，不得有麻坑、露筋、裂缝等缺陷。

2）吊装就位：清除水泵底座底面泥土、油污等脏物，将水泵连同底座吊起，放在水泵基础上用地脚螺栓和螺母固定，在底座与基础之间放可调垫铁（见图1.2.6）。垫铁的材料为钢板或铸铁件，斜垫铁的薄边一般不小于0.010m，斜边为1/10～1/25，斜垫铁尺寸，一般按接触面受力不大于30000kN/m²来确定。垫铁平面加工粗糙度为V_5；搭接长度在2/3以上。

3）吊装调整位置：调整底座位置，使底座上的中心点与基础的中心线重合。

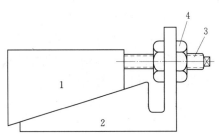

图1.2.6　可调垫铁
1—上垫铁；2—下垫铁；3—螺栓；4—螺母

4）吊装安装水平度：泵的安装水平度不得超过0.01mm/m，用水平尺检查，用可调垫铁调平。

5）吊装调整同心度：调整水泵和电机与底座的紧固螺栓，使泵轴与电机轴同心。

6）二次浇灌混凝土：水泵就位各项调整合格后，将地脚螺母上的螺母拧好，然后将细石混凝土捣入基础螺栓孔内，浇灌地脚螺栓孔的混凝土强度等级比基础的强度等级要高一级。

（3）水泵配管及附件安装（如图1.2.7所示）。

1）吸水管路：水泵吸入管直径应不小于水泵的入口直径，水泵吸水入口处应安装上平偏心大小头，其长度不应小于大小管径差的5～7倍。吸水管路宜短并应尽量减少转弯。水泵入口前的直管段长度不应小于管径的3倍。

当泵的安装位置高于吸水液面，入口直径小于350mm时，应设底阀；入口直径大于或等于350mm时，应设真空引入装置。自罐式安装时应装闸阀。

当吸水管路装设过滤网时，过滤网的总过滤面积应不小于吸水管口面积的2～3倍；为防止滤网阻塞，可在吸水池进口或吸

图1.2.7　水泵配管及附件安装

水管周围加设拦污网或拦污格栅。

2）压水管路：压水管路的直径应不小于水泵的出口直径，应安装闸阀和止回阀。

所有与水泵连接的管路应具有独立、牢固的支架，以削减管路的震动和防止管路的重量压在水泵上。高温管路应设置膨胀节，防止热膨胀产生的压力完全加在水泵上。水泵的进出水管多采用可挠性橡胶接头连接，以防止泵的震动和噪声沿管路传播。

（4）稳压罐安装。罐顶至建筑结构最低点的距离不得小于1.0m，罐与罐之间及罐壁与墙面之间的净距不宜小于0.7m；稳压罐应安装在平整的地面上，安装应牢固；稳压罐按图纸及设备说明书的要求安装设备附件。

1.2.3.5　设备试验及试运转

1.水泵试运转

（1）先做电机单机试运转，核实电机的旋转方向，转向正确后再进行连接。

（2）手动盘车观察轴转动是否灵活无卡阻，各固定连接部分无松动。

（3）离心泵必须灌满水才能启动，且不可在出口阀门全闭的情况下运转时间过长。

（4）水泵在额定工况点连续试转的时间不小于 2h；高速泵及特殊要求的泵试运转时间应符合设计技术文件的规定。

（5）水泵试运转的轴承温升，滑动轴承不高于 70℃，滚动轴承不高于 80℃，特殊轴承必须符合设备说明书的规定。

2. 稳压罐压力试验

稳压罐安装前应做压力试验，以工作压力的 1.5 倍做水压试验，但不得小于 0.4MPa，水压试验在试验压力下以 10min 内无压降、不渗不漏为合格。

第2章 村镇供水给水管道的运行管理

2.1 输、配水管（网）的运行管理

输水管道是指从取水构筑物送原水至净水厂的管道。输水可分为重力输水和加压输水，其主要特点是沿程流量无变化，具有长距离输水能力。

配水管道（网）是指从净配水厂或调节构筑物直接向用户分配水的管道。输水主要特点是沿程流量和水压随用户用水量变化而变化，保证用户对水量、水压的要求。

输配水管理的主要对象：①输配水管道（网）；②附属设备与设施，包括闸阀、空气（进排气）阀，止回阀，减压阀，消火栓等。

2.1.1 管道巡查

巡线工人应按计划定期（1～2次/周）主动对管线进行巡视，及时发现不安全因素并采取措施，保证安全供水。

1. 巡查的详细内容

（1）注意管线上有无新建筑物或重物，防止管线被圈、硬压、埋占。

（2）与供水范围内所有施工单位积极配合，确定建筑物与给水管道的距离。有无因施工开槽影响管线安全的问题，防止挖坏水管。此条是巡查重点。

（3）注意有无在管线上方取土或阀门井、消火栓等附属设施被土埋现象。

（4）禁止给水管砌入下水道、检查井、雨水口或电缆井中。

（5）雨后应及时检查过河明管有无挂草、阻碍水流或损坏管道现象；检查架空水管基础桩、墩有无下沉、腐朽、开裂现象；

吊挂在桥上的管道，应检查吊件有无松动、锈蚀等现象；在寒冷地区，每年9月底以前，需普查明露管道保温层有无破损现象。明露管线是巡查又一重点。

（6）穿越铁路、高速公路或其他建筑物的管沟，凡设检查井的要定期开盖或入内检查。

（7）检查有无私自接管现象。

2. 巡查记录与考核

巡查工作，应按规定做好记录，认真填好工作日志，记录下巡查工作的内容、发现的问题与采取的措施以及上报及解决方法等。以此为据，进行考核，并作为基础资料归档。

2.1.2 管道检漏

1. 检漏工作的重要性

管道漏损是给水系统运行中的一个重要问题。水量的损失不仅是经济损失，而且还会带来一系列次生灾害，如地面塌陷、房屋受损和农田盐碱化等。

通过检漏，可节约水资源、降低成本、改善服务质量、保护环境。

2. 检漏工作的要求

（1）人员条件：良好的听力，工作要有耐心，有一定的文化水平，有较强的判断分析能力。培训实践后上岗。

（2）常用仪器：农村适宜选择价廉、方便、效果良好的仪器，如木制听漏棒、听漏饼机等。

（3）工作组织：分区分片，2人一组，专人专片，每个月检测一次，夜间进行，听漏者参与维修。

3. 检漏方法

（1）被动检漏法：即发现漏水溢出地面再去检修。当巡查时发现局部地面下沉、泥土变湿、杂草茂盛、降雪先融或下水井、电缆井等有水流入而附近有给水管道时，说明有漏水可能，应细查或刨查。

（2）音听检漏法：用木制听漏棒或听漏饼机，听测地面下管道漏水的声音，从而找出漏水地点。如图 2.1.1 所示。水从漏水小孔喷出的声音，频率居高（500～800Hz）；水从漏水大口喷出的水，频率居中（100～250Hz）。

图 2.1.1　音听检漏法

（3）区域装表测量法：此法对供水范围较小的村镇给水系统最为适用。干管或入村管上安装水表（总表），对总表与区内户表同日抄记，二者差值为漏出水量。

可表前、表后、干管分别检漏。

2.1.3　闸阀的运行操作、日常保养与故障维修

1. 闸阀的运行操作（启闭规则）

（1）管网中，一般闸阀只能全开全关作启闭用。只有蝶阀可在允许范围内，作为调流使用。

（2）管网中，需同时关闭多个闸阀时，应先关闭高压端的阀门；需同时开启多个闸阀时，应先开启低压端阀门。这样的操作顺序省时、省力、省设备。

（3）闸阀启闭应缓慢操作，启闭时应数圈数，注意阀门柄处指示针。

2. 闸阀的日常保养

（1）闸阀的保养频率见表 2.1.1。

表 2.1.1　　　　　　　　　　　**闸阀的保养频率**

闸门的位置	保养频率
输、配水干管	1～2 年一次
配水支管	2～3 年一次
经常浸泡在水中	每年不少于两次

（2）空气（进排气）阀，至少 1～2 个月检查一次工作情况，检查浮球升降是否正常，有无粘连、漏水、锈蚀现象。每 1～2 年应解体清洗、维修一次。

（3）减压阀，经常检查上、下游水压，有无振动情况，定期拆开阀体检查磨损情况。

（4）消火栓，定期检查消火栓阀，保持良好的待用状态。

3. 闸阀的故障及维修

（1）阀杆密封填料磨损漏水。可拧紧压盖螺栓止漏，必要时应关闭闸阀，更换密封填料。

（2）阀门关不严。应拆开阀体，清除杂物或更换阀门。

（3）阀杆折断。扭矩超负荷所致，更换。

（4）阀杆顶端方棱磨圆、松动，可加焊打磨或更换。

（5）阀板与阀杆脱落，应解体，更换零件。

2.1.4　管道的冲洗与消毒

（1）管道试压合格后，应在竣工验收前进行冲洗消毒。

（2）冲洗水应清洁，浊度应在 10NTU 以下，流速不得小于 1m/s，连续冲洗。直至出水口浊度、色度与入水口进水相当为止。冲洗时应保持排水顺畅。

（3）冲洗后应用氯离子含量不低于 20mg/L（20～50mg/L）的清洁水浸泡 24h（若以漂白粉配制，可用 1kg 漂白粉含 250～280g 有效氯加 $10m^3$ 清洁水），然后再次冲洗，直到水质化验合格为止。

2.2　供水管道的维修

输水、配水管道的损坏是影响正常供水的常见问题。应查明现象、分析原因及时修理。

管道损坏主要表现是折断、开裂、爆管、口漏、锈蚀、堵塞（管道破裂、管壁漏水、接头渗漏等）。可从以下几个方面分析损坏原因：管材与接口质量问题；施工与安装时硬伤留下的隐患；由于操作不当引起水压过高产生的水锤作用；静压超过管道容许压力产生的破坏；温度急骤变化产生的冻害；外部荷载过重、地面下沉、外界施工等造成的破坏等。

2.2.1 金属管道维修

村镇给水管道发现损坏后，条件允许时，可全部或局部停水维修，可按照管道施工与安装方法更换损坏的管材或管件；不允许暂停供水的村镇，宜采用不停水补修。

1. 钢管的修理

漏水较小时，可用内衬胶皮的卡子把漏水孔堵住（见图2.2.1），锈蚀严重需要更换新管。焊缝漏水可先用凿子将漏水处焊缝捻实，如仍不能止漏则需进行补焊。法兰漏水，紧螺栓、换胶垫。

图 2.2.1　内衬胶皮的卡子

2. 铸铁管的修理

纵向裂缝，应先在两端钻 6～13mm 小孔，防止裂缝延伸，然后用两合揣袖打口修理或用二合包管箍，拧紧螺栓密封止水（见图 2.2.2）。砂眼或锈孔漏水，可上卡箍止漏。承插口漏水，如为胶圈接口，可将两端抬起拉开更换胶圈；如为铅口，可把铅往里捻打或补打铅条；如为石棉水泥接口，可将接口内石棉剔除，分段随剔随补。

图 2.2.2　哈夫节修复铸铁管

2.2.2　塑料管的修理

2.2.2.1　停水维修

当村镇供水工程允许暂停供水时，可关闭总供水阀，停泵，停止全系统供水后，打开泄水阀，放掉管道内的存水进行停水维修。也可在检查水漏损处后，关闭其上游检修阀，停止损坏部分及下游管道供水进行部分停水维修。维修时，应视管道损坏的严重程度，采取相应的技术措施。

2.2.2.1.1　更换新管段

直管段损坏严重时，应切除全部损坏的管段，更换一段新管。更换新管段时，可采用以下方法与原管道连接。

1. 套筒式活接头连接

先量出损坏管道长度，并在两端画好切割线，再用细齿锯条

图 2.2.3　套筒式活接头

沿线锯断。切割时，切割面要平直，不可斜切，然后将管子内、外表面切口挫平，插入式接口端应削倒角，倒角一般为 15°，倒角坡口成形后管端厚度一般为管壁厚度的 $1/3 \sim 1/2$，然后插入准备好的相同长度的管子，插入管与原管道两端，一般可采用套筒式活接头（见图 2.2.3）或工厂制造的专业连接配件等管件，与管道柔性连接。这类管件一般可先套在连接处管端，待新换管段就位后，将其平移到位，进行连接。

2. 粘接连接

直管段维修需更换新管段，亦可采用粘接连接，粘接步骤如下：

（1）首先在损坏管段的长度基础上加上两端承口的插入长度准备新管段管道长度，并在原管道插口的两端，分别用铅笔划出即将插入的承口操作长度，承口的操作长度见表 2.2.1。

表 2.2.1　　　　　　　　承口操作长度　　　　　　单位：mm

公称外径 D_e	25	40	50	75	90	110	160	200
承口操作长度	40	55	63	72	84	102	150	180

（2）将管端插口外侧和承口内侧擦拭干净，使粘接面清洁，无尘砂油污与水迹，表面有油污时，必须用棉纱蘸丙酮等清洁剂擦净。

（3）粘接前，必须将承插口试插一次，把插口端轻插入承口，确认插入深度及松紧度符合要求。

（4）涂抹黏结剂时，应先涂承口内侧，后涂插口外侧，涂抹

承口内侧时宜顺轴向由里向外抹涂均匀、适量，不得漏涂或涂抹过量，插口只涂划线以内的外表面。

（5）涂抹黏结剂后，应迅速找正方向，对准轴线把管端插入承口，随插随转动并用力推挤至所画标线，然后继续用力摁压。小管（$D_e \leqslant 50mm$）摁压时间应不小于 30s，大管（$D_e > 50mm$）摁压时间应不小于 60s。

（6）插接完毕后，应及时将接头外挤出的黏结剂擦拭干净，并避免受力和强行加载，静止固化时间应不少于表 2.2.2 的规定。

表 2.2.2　　　　　　　　静 止 固 化 时 间　　　　　单位：mm

D_e/mm	粘接时环境温度	
	18～40℃	5～18℃
≤50	20	30
>50	45	60

2.2.2.1.2　更换管件

管道上的弯头、三通等管件损坏时，需更换新管件（见图 2.2.4）。更换时，应切除管件及其连接的直管段，每端直管段切除的长度不宜小于 0.5m，取出带连接直管段的管件后，将新管件先连上相同长度的直管段，整体放入沟槽内，再在直管段之间用套筒式活接头等管件连接即可。

2.2.2.1.3　局部修理

管道接头渗水或管身有小孔或有环向、纵向裂缝，均可采用二合包承口管箍或二合包管箍（两个半圆组成的拼装式管箍），用螺栓拧紧密封。管箍长度应比破损长度长 0.3m，内垫密封胶垫厚度宜采用 3mm。

轻微渗漏的 UPVC 管道和管件，当破坏不太严重、未影响结构安全时，可采用焊条焊接修补，焊补时必须保持焊接部位干燥，且环境温度不得低于 5℃。

图 2.2.4　PE 管更换三通施工流程图

2.2.2.2 不停水维修

塑料管不停水维修，目前主要采用二合包拼装式管箍修理。在挖开埋土找出渗水、漏水或出现裂缝的损坏部位后，在损坏部分外部，包上内垫有 3mm 密封胶垫的二合包拼装式管箍，拧紧螺栓密封止水。管箍长度需比破损长度长 0.3m 以上，二合包拼装式管箍的形式及长度有一定规格，可用于直管及接头部位的维修，但对弯管、三通等管件部位难以应用，因此，不停水维修只能在目前拼装式管箍产品能供应的条件下采用。

施工后的 PVC-U 管管道若发生漏水时，可采用换管、焊接和粘接等方法修补。当管材大面积损坏需更换整根管时，可采用双承口连接件来更换管材。渗漏较小时，可采用拼装式包箍焊接或粘接。

2.2.3 塑料管的修补技术

2.2.3.1 套筒式柔性接口管箍换管修补

管道管身破坏时应切除全部损坏的管段，插入相同长度的直管段，插入管与管道两端可采用套筒式活接头等管件与管道柔性连接，可在连接前先将管件套在连接处的管端上，待新管道就位后将连接管件平移到位。

2.2.3.2 半圆包箍修补

渗漏较小时，可采用两个半圆式包箍修补，包箍长度应比裂口长度长 30cm，管箍与管道间密封胶垫厚 3mm。

2.2.3.3 PVC-U 管黏结剂修补

管道发生微量渗漏，可采用黏结剂补漏法修补。但注意此法须先排干管内水，并使管内形成负压，然后将黏结剂注在渗漏部位的空隙上。由于管内负压，黏结剂被吸入孔隙中，从而达到止漏的目的。

2.2.3.4 PVC-U 管的焊接补修

1. 塑料管焊接工艺

塑料管焊接设备一般由空气压缩机、空气过滤器、焊枪等组成，如图 2.2.5 所示。

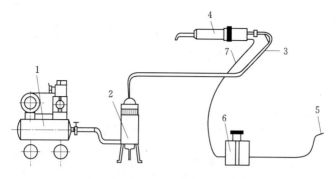

图 2.2.5　塑料管焊接设备

1—空气压缩机；2—空气过滤器；3—压缩空气软管；4—直柄式焊枪；

5—电源线；6—变压器；7—电线

焊枪有直柄式和手枪式两种，使用电压一般为 $180 \sim 220V$，电热丝功率为 $514 \sim 500W$；输入压缩空气压力为 $0.05 \sim 0.1MPa$。

空气压缩机排量一般为 $0.6m^3/min$，一台压缩机可提供多支焊枪使用。

焊接时，热空气温度在 $200 \sim 240℃$ 为佳。温度过高，焊件与焊条易焦化；过低则不能很好粘接，降低焊缝强度。

焊枪喷嘴孔径应根据管壁厚度，焊条直径来选择，详见表 2.2.3。

表 2.2.3	喷嘴孔径的选择		单位：mm
管壁厚度	$2 \sim 5$	$5.5 \sim 15$	16 以上
焊条直径	2	3	$3 \sim 4$
喷嘴孔径	2	3	$3 \sim 4$

操作时，喷嘴的正确位置如图 2.2.6 所示

喷嘴位于焊条和焊件之间，距焊条 $3 \sim 4mm$，距焊缝表面 $5 \sim 6mm$，倾斜角 α 一般为 $30° \sim 45°$，焊条应始终与焊件保持 $90°$

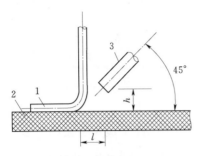

图 2.2.6 喷嘴的正确位置
1—焊条；2—焊件；3—喷嘴

夹角；大于 100°时焊条被拉伸，将使焊道变细，焊道冷却后还会产生小气泡，甚至断裂；小于 90°时，焊道受压而产生波纹，降低强度。

焊接过程中，焊枪应均匀摆动。摆动频率和幅度，可根据焊接温度灵活控制，要使焊条与焊件同时加热。

塑料焊条在焊接过程中要伸长。焊接时，必须使焊条的延伸率在保持 15%以内。

焊缝中的热熔焊条必须排列紧密，不能有空隙。各层焊条的接头须错开，焊缝应饱满、平整、均匀，无波纹、断裂、烧焦、吹毛和未焊透等缺陷。焊缝焊接完毕，进行自然冷却。

现场用塑料管加工焊接三通、弯头时，焊口接头采用对接。焊制完毕用 0.1MPa 压缩空气试验严密性。

当管道出现开裂、破孔时，也可采用贴补法焊接修复。

2. 焊接修补注意事项

（1）应使焊接部位干燥，同时清除其表面的灰尘、油污和其他杂质；在粘接接口处焊接修补时，只有在黏结剂已固化 6h 以上方可进行。

（2）在修补轻微渗漏时，一般焊接一条焊道。在较严重的渗漏部位上。一般焊接 3～5 条焊道。采用多层焊接时，要冷却一段时间后，在进行下一层焊接。焊接时，须保持适宜的温度和压力，热空气温度宜为 260～290℃，过热易使材料变形或炭化，压力过高可能导致冷却后焊缝的破裂。

（3）焊道应超出被修补部位四周边缘各 9～13mm。

（4）焊条直径根据焊接管的壁厚按表 2.2.4 选定。

表 2. 2. 4　　　　　　焊条直径选择　　　　　单位：mm

焊接管的壁厚	焊条直径
<4	2
4～16	3
>16	4

（5）修补裂缝时，厚壁大于或等于 3mm 时其裂缝处应切成 30°～35°坡口。

（6）焊条 PVC-U 时，环境温度不得低于 5℃，不得在雨中、水中施工。

2.3　管网上安装新用水户

为新用水户安装管道，是运行管理的工作常态。在农村的供水系统中，一般可停水安装，必要时亦可不停水作业。

2.3.1　短时避高峰停水安装新用水户管道

1. 截管加三通

小口径金属管上接支管时，按需要定位截取长度包括三通、活箍、对丝的原管，在原管两端套丝，然后上三通、对丝，最后用活箍与原管接通。

小口径塑料管上接支管时，可用金属管件或塑料管件，采用与金属管相同的方法操作，亦可用事先准备好的带承口的三通，截断原管（长度不包括承口长）将原管擦干净，做导角抹上黏结剂后插入承口中（见图 2.3.1）。

2. 钻孔接支管

大口径管道（$D_e \geqslant 75$mm）上接支管，需在原管上钻孔，孔径不大于 1/2 管外径（孔距不小于 7 倍管径）。有条件时，可将支管焊上；无法焊接时，可将先做好的止水栓、分水鞍装在原管上用丁连接支管。

图 2.3.1　截管加三通

3. 管道弯曲端和弯头处不得开孔装支管

2.3.2 不停水安装

1. 小口径管道（$DN \leqslant 25mm$）接三通

截断原管，用木塞堵住管端后套丝，上三通时拔下木塞带水作业。

2. 大口径管道（$DN > 75mm$）接支管

先定位，在原管上安装带支管的特制卡子，把水钻装在卡子上，搬动手柄，压下钻杆，把管壁钻透即可。

如有条件，宜采用专用设备，在原管上装可打孔和连接支管的立式止水栓。先对开孔部位管道清理并擦干净，牢固装上立式止水栓，用配套钻孔，孔径比支管直径小 2mm，钻孔完成后退至原位，应及时关闭止水栓上的阀门，再安装支管。

2.3.3 水表的安装

（1）为了保证计量最准确，在水表进水口前安装截面与管道相同的至少 5 倍表径以上的直管段，水表出水口安装至少 2 倍表径以上的直管段（见图 2.3.2）。

图 2.3.2　水表的安装

（2）水表的上游与下游处的连接管不能缩径。

（3）建议安装流量控制设备（如阀门）（见图 2.3.3）。

图 2.3.3 室外水表井的安装

（4）法兰密封圈不得突出伸入管道内或错位。

（5）安装水表前必须彻底清洗管道，避免碎片损坏水表。

（6）水表水流方向要与管道水流方向一致。

（7）水表安装以后，要缓慢放水充满管道，防止高速气流冲坏水表。

（8）安装位置应保证管道中充满水，气泡不会集中在表内，应避免水表安装在管道的最高点。

（9）小口径旋翼式水表必须水平安装，前后或左右倾斜都会导致灵敏度降低。

2.4 调节构筑物的运行管理

为满足供水系统的制水要求和供水区逐时变化的用水量，在农村供水系统中设置调节构筑物是十分必要的。调节构筑物除了平衡两者的负荷变化，另一重要作用是满足消毒接触时间的需要。农村供水系统中的调节构筑物主要有清水池、高位水池和水塔。清水池与高位水池的建造形式相同，只是相对高度不同，运行管理工作也基本相同。

2.4.1 清水池的构造

清水池（高位水池）（见图 2.4.1）常用钢筋混凝土、预应力钢筋混凝土和砖、石建造，特别是钢筋混凝土水池使用较广。清水池主要有进水管、出水管、溢流管、透气孔、检修孔、导流墙等部分组成。清水池的形状，可以是圆形，也可以是方形、矩形。

图 2.4.1 清水池

2.4.2 清水池的运行与维护

1. 运行

（1）水池必须装设水位计，并应定时观测。经常检查水位显示装置，要求显示清楚、灵活、准确。

（2）水池严禁超越上限水位或下限水位运行，每个给水系统都应根据本系统的具体情况，制定水池的上限和下限容许水位，超上限易发生溢流现象浪费水资源，超下限可能会吸出池底沉泥污染出厂水质，甚至抽空水池导致系统断水。

（3）定期检查水池进、出水管及闸门，要求管路通畅，无渗漏。闸门启闭灵活。螺栓、螺母齐全，无锈蚀。

（4）水池顶上不得堆放可能污染水质的物品和杂物，也不得堆放重物。

（5）水池顶上种植植物时，严禁施放各种肥料和农药。

（6）水池的检查孔、通气孔、溢流管都应有卫生防护措施，以防活物进入水池污染水质。

（7）水池应定期排空清洗，清洗完毕经消毒合格后方可再蓄水运行。

（8）水池的排空管、溢流管道严禁直接与下水道连通。

（9）汛期应保持水池四周排水（洪）通畅，防止污水污染。

（10）水池尤其是高位水池，应高于池周围地面，至少溢流口不会受到池外水流入的威胁。

此外，厂外水池的排水要妥善处理，不得给周围村庄造成影响。

经常检查水池的覆土与护坡，保证覆土厚度。

高位水池应定期检查避雷装置，要求完整良好，保证运行安全。

2. 保养与维护

（1）定时对水位计进行检查，滑轮上油，保证水位计的灵活、准确。

（2）定时清理溢流口、排水口，保持清水池的环境整洁。

（3）每1～3年清刷一次。

（4）清刷前，池内下限水位以上可以继续供入管网，至下限水位时应停止向管网供水，下限水位以下的水应从排空阀排出池外。

（5）在清刷水池后，应进行消毒处理，合格后方可再次蓄水运行。

（6）每月对阀门检修一次，每季度对长期开或长期关的阀门活动操作一次、水位计检修一次。水池顶和周围的草地、绿化应定期修剪，保持整洁。

（7）电传水位计应根据其规定的检定周期进行检定，机械传动水位计宜每年校对和检修一次。

（8）每1～3年对水池内壁、池底、池顶、通气孔、水位计、爬梯、水池伸缩缝检查修理一次、阀门解体修理一次、金属件油漆一次。

（9）每5年应将闸阀阀体解体，更换易损部件，对池底、池顶、池壁、伸缩缝进行全面检查整修，各种管件有损坏应及时更换。

水池大修后，必须进行清水池满水渗漏试验，渗水量应按设计上限水位（满水水位）以下浸润的池壁和池底的总面积计算，钢筋混凝土水池渗漏水量每平方米每天不得超过2L，砖石砌体水池不得超过3L。在满水试验时，应对水池地上部分进行外观检查，发现漏水、渗水时，须进行修补。

2.5 泵的运行管理

2.5.1 机组的运行

机组试运行后并经工程验收委员会验收合格，交付管理单位。管理单位接管后，应组织管理人员熟悉安装单位移交的文件、图纸、安装记录、技术资料等，学习操作规程，然后进行分工，按专业对设备进行全面检查，电气做模拟试验。

在泵站的水工建筑物和主要机电设备安装、试验、验收完成后并在正式投入运行之前，必须按照《泵站技术规范（安装分册)》（SD 204—86）的要求进行机组的试运行。一切正常后方可投入运行、管理、维护工作。

2.5.1.1 试运行的目的和内容

1. 试运行的目的

（1）参照设计、施工、安装及验收等有关规程、规范及其技术文件的规定，结合泵站的具体情况，对整个泵站的土建工程机、电设备及金属结构的安装进行全面系统的质量检查和鉴定，以作为评定工程质量的依据。

（2）通过试运行验证安装工程质量是否符合规程、规范要求，如果符合即可进行全面交接验收工作，施工、安装单位将泵站移交给生产管理单位正式投入运行。

2. 试运行条件

水泵的试运行，应满足以下条件：

（1）对新安装或长期停用的水泵，在投入供排水作业前，一般应进行试运行，以便全面检查泵站土建工程和机电设备情况，及早发现遗漏的工作或工程和机电设备存在的缺陷，以便及早处理，避免发生事故，保证建筑物和机电设备及结构能安全可靠地投入运行。

（2）通过试运行以考核主辅机械协联动作的正确性，掌握机电设备的技术性能，制定一些运行中必要的技术数据，得到一些设备的特性曲线，为泵站正式投入运行作技术准备。

（3）在一些大中型泵站或有条件的泵站，还可结合试运行进行一些现场测试，以便对运行进行经济分析，满足机组运行安全、低耗、高效的要求。

（4）通过试运行，确认泵站土建和金属结构的制造、安装或检修质量。

（5）试运行中不能有损坏或堵塞叶片的杂物进入水泵内，不允许出现严重的汽蚀和振动。

（6）轴承、轴封的温度正常，润滑用的油质、油位、油温、水质、水压、水温符合要求。水泵填料的压紧程度，以有水每分钟 30～60 滴为宜。

（7）进出水管道要求严格密封，不允许有进气和漏水现象。

（8）泵房内外各种监测仪表和阀件处于正常状态。为了保证安全生产，都应定期检验或标定。

（9）水泵试运行时，其断流设施的技术状态良好。当发生事故停泵时，其飞逸转速应不超过额定转速的 1.2 倍，其持续时间不得超过 2min。

（10）多泥沙水源的泵站，在提水作业期间的含沙率一般应小于 7%，否则不仅加速水泵和管道的磨损，且影响泵站效率和提水流量，还可能引起水泵过流部件的汽蚀和磨蚀。

3. 试运行的内容

机组试运行工作范围很广，包括检验、试验和监视运行，它们相互联系密切。由于水泵机组为首次启动，且又以试验为主，对运行性能均不了解，因此必须通过一系列的试验才能掌握。其内容主要有以下几方面：

（1）机组充水试验。

（2）机组空载试运行。

（3）机组负载试运行。

（4）机组自动开停机试验。

试运行过程中，必须按规定进行全面详细的记录，并整理成技术资料，在试运行结束后，交验收单位，进行正确评估并建立档案保存。

2.5.1.2 试运行的程序

为保证机组试运行的安全、可靠，并得到完善可靠的技术资料，启动调整必须逐步深入，稳步进行。

1. 试运行前的准备工作

试运行前要成立试运行小组，拟定试运行程序及注意事项，组织运行操作人员和值班人员学习操作规程、安全知识，然后由试运行人员进行全面认真的检查。

试运行现场必须进行彻底清扫，使运行现场有条不紊，并适当悬挂一些标牌、图表，为机组试运行提供良好的环境条件和营造协调的气氛。

（1）流道部分的检查。具体工作如下：

1）封闭进人孔和密封门。

2）在静水压力下，检查调整检修闸门的启闭；对快速闸门、工作闸门、阀门的手动、自动作启闭试验，检查其密封性和可靠性。

3）大型轴流泵首先是应着重检查流道的密封性，其次是检查流道表面的光滑性。清除流道内模板和钢筋头，必要时可做表面铲刮处理，以求平滑。流道充水，检查进人孔、阀门、混凝土结合面和转轮外壳有无渗漏。

4) 离心泵抽真空,检查真空破坏阀、水封等处的密封性。

(2) 水泵部分的检查。具体工作如下:

1) 检查转轮间隙,并做好记录。转轮间隙力求相等,否则易造成机组径向振动和汽蚀。

2) 检查叶片轴处是否有渗漏。

3) 全调节水泵要做叶片角度调节试验。

4) 技术供水充水试验,检查水封渗漏是否符合规定或检查橡胶轴承通水冷却及润滑情况。

5) 检查轴承转动油盆油位及轴承的密封性。

(3) 电动机部分的检查。具体工作如下:

1) 检查电动机空气间隙,用白布条或薄竹片拉扫,防止杂物掉入气隙内,造成卡阻或电动机短路。

2) 检查电动机线槽有无杂物,特别是金属导电物,防止电动机短路。

3) 检查转动部分螺母是否紧固,以防运行时受振松动,造成事故。

4) 检查制动系统手动、自动的灵活性及可靠性;复归是否符合要求;视不同机组而定顶起转子 $0.003 \sim 0.005$m,机组转动部分与固定部分不相接触。

5) 检查转子上、下风扇角度,以保证电动机本身提供最大冷却风量。

6) 检查推力轴承及导轴承润滑油位是否符合规定。

7) 通冷却水,检查冷却器的密封件和示流信号器动作的可靠性。

8) 检查轴承和电动机定子温度是否均为室温,否则应予以调整;同时检查温度计定位是否符合设计要求。

9) 检查核对电气接线,吹扫灰尘,对一次和二次回路进行模拟操作,并整定好各项参数。

10) 检查电动机的相序。

11）检查电动机一次设备的绝缘电阻，做好记录，并记下测量时的环境温度。

12）检查同步电机检查碳刷与刷环接触的紧密性、刷环的清洁程度及碳刷在刷盒内动作的灵活性。

（4）辅助设备的检查与单机试运行。具体工作如下：

1）检查油压槽、回油箱及贮油槽油位，同时试验液位计动作的正确性。

2）检查和调整油、气、水系统的信号元件及执行元件动作的可靠性。

3）检查所有压力表、真空表、液位计、温度计等反应的正确性。

4）逐一对辅助设备进行单机运行操作，再进行联合运行操作，检查全系统的协联关系和各自的运行特点。

2. 机组空载试运行

（1）机组的第一次启动。经上述准备和检查合格后，即可进行第一次启动。第一次启动应用手动方式进行。一般都是空载启动，这样既符合试运行程序，也符合安全要求。空载启动是检查转动部件与固定部件是否有碰磨，轴承温度是否稳定，摆度、振动是否合格，各种表计是否正常，油、气、水管路及接头、阀门等处是否渗漏，测定电动机启动特性等有关参数，对运行中发现的问题要及时处理。

（2）机组停机试验。机组运行4～6h后，上述各项测试工作均已完成，即可停机。机组停机仍采用手动方式，停机时主要记录从停机开始到机组完全停止转动的时间。

（3）机组自动开、停机试验。开机前将机组的自动控制、保护、励磁回路等调试合格，并模拟操作准确，即可在操作盘上发出开机脉冲，机组即自动启动。停机也以自动方式进行。

3. 机组负荷试运行

机组负载试运行的前提条件是空载试运行合格，油、气、水系统工作正常，叶片角度调节灵活（指全调节水泵），各处温升符合规定。振动、摆度在允许范围内，无异常响声和碰擦声，经试运行小组同意，即可进行带负荷运行。

(1) 负荷试运行前的检查。具体工作如下：

1) 检查上、下游渠道内及拦污栅前后有无漂浮物，并应妥善处理。

2) 打开平衡闸，平衡闸门前后的静水压力。

3) 吊起进出水侧工作闸门。

4) 关闭检修闸阀。

5) 油、气、水系统投入运行。

6) 操作试验真空破坏阀，要求动作准确，密封严密。

7) 将叶片调至开机角度。

8) 人员就位，抄表。

(2) 负载启动。上述工作结束即可负载启动。负载启动用手动或自动均可，由试运行小组视具体情况而定。负载启动时的检查、监视工作，仍按空载启动各项内容进行。如无抽水必要，运行 6～8h 后，且一切运行正常，可按正常情况停机，停机前抄表一次。

4. 机组连续试运行

在条件许可的情况下，经试运行小组同意，可进行机组连续试运行。其要求如下：

(1) 单台机组运行一般应在 7d 时累计运行 72h 或连续运行 24h（均含全站机组联合运行小时数）。

(2) 连续试运行期间，开机、停机不少于 3 次。

(3) 全站机组联合运行的时间不少于 6h。

机组试运行以后，并经工程验收委员会验收合格，交付管理单位。管理单位接管后，应组织管理人员熟悉安装单位移交的文件、图纸、安装记录、技术资料，学习操作规程，然后进行分工，按专业对设备进行全面检查，电气做模拟试验。一切正常即可投入运行、管理、维护工作。

2.5.1.3　运行方式

水泵机组的运行方式是决定给水系统管理方式的重要因素，而给水系统的总体管理方式又反过来对水泵的运行方式有一定的制约。在任何情况下，决定运行操作方式以及操作方法，都必须根据水泵机组的规模、使用目的、使用条件及使用的频繁程度等确定，并使水泵机组安全可靠而又经济地运行。

一般条件下，水泵运行过程中从开始启动到停机操作完毕，主水泵及辅助设备的操作都是这样进行的，但也有采取各机组单台联动操作或多台联动操作的，必要时由计量测试装置发出相应的指令进行自动开停机操作。究竟采用何种操作方式，必须从给水系统总体的管理方式出发，视其重要性、设施的规模及作用、管理体制等确定。运行方式有一般手动操作（单独、联动操作）和自动操作两大类。

1. 开机

对于离心泵的开机启动。启动前，水泵和吸入管路必须充满水并排尽空气。当机组达到额定转速，压力超过额定压力后，打开出水管上的闸阀，使机组投入正常运行。

对于轴流泵的开机启动。启动前，应向填料面上的接管引注清水，润滑橡胶轴承。待动力机转速达到额定值后，停止充水，完成启动任务。

2. 运行

对于季节性运行的排灌泵站，投入运行时，应做好以下工作：

（1）在机组投入正常的排灌作业前，要进行试运行，并应检查前池的淤积、管路支承、管体的完整以及各仪表和安全保护设施等情况。

（2）开启进水闸门，使前池水位达设计水位，开启吸水管路上的闸阀（负值吸水时），或抽真空进行充水；启动机组，当机组达到额定转速，压力超过额定压力后（指离心泵机组），逐渐开启出水管路上的闸阀，使机组投入正常运行。

（3）观察机组运行时的响声是否正常。如发现过大的振动或机械撞击声，应立即停机进行检修。

（4）经常观察前池的水位情况，清理拦污栅上堵塞的枯枝、杂草、冰屑等，并观测水流的含沙量与水泵性能参数的关系。

（5）检查水泵轴封装置的水封情况。正常运行的水泵，从轴封装置中渗漏的水量以每分钟 30～60 滴为宜。滴水过多说明填料压地过松，起不到水封的作用，空气可能由此进入叶轮（指双吸式离心泵）破坏真空，并影响水泵的流量或效率。相反，滴水过少或不滴水，说明填料压地太紧，润滑冷却条件差，填料易磨损发热变质而损坏，同时泵轴被咬紧，增大水泵的机械损失，使机组运行时的功率增加。

（6）检查轴承的温度情况。经常触摸轴承外壳是否烫手，如发烫到手不能触摸，说明轴承温度过高。这种情况将可能使润滑油质分解，摩擦面油膜被破坏，润滑失效，并使轴承温度更加升高，引起烧瓦或滚珠破裂，造成轴被咬死的事故。轴承的温升比周围环境温度最大不超过 35℃，轴承的温度最高不得超过 75℃。运行中应经常对冷却水系统的水量、水压、水质进行观察。对润滑油的油量、油质、油管是否堵塞以及油环是否转动灵活，也应经常观察。

（7）注意真空表和压力表的读数是否正常。正常情况下，开机后真空表和压力表的指针偏转一定数值后就不再移动，说明水泵运行已经稳定。若真空表读数下降，则肯定是吸水管路或泵盖结合面漏气；若指针摆动，则可能是前池水位过低或者吸水管进口堵塞；若压力表指针摆动很大或显著下降，则可能是转速降低或泵内吸入空气。

（8）机组运行时还应注意各辅助设备的运行情况，遇到问题应及时处理。

3. 停机

停机前先关闭出水闸门，然后关闭进水管路上的闸阀（对离心泵而言）。对卧式轴流泵，停机前应将通气管闸阀打开，再切断电源，并关掉压力表和真空表以及水封管路上的小闸阀，使机组停止运行。轴流泵关闭压力表后，即可停机。

北方地区冬季停机后，为了防止管路和机组内的积水结冰冻裂设备，应打开泵体下面的堵头放空积水。同时清扫现场，保持清洁。做好机组和设备的保养工作，使机组处于随时可启动的状态。

2.5.2　离心泵机组的故障原因和处理方法

机组运行中可能会发生故障，但是一种故障的发生和发展往往是多种因素综合作用的结果。因此，在分析和判断故障时，不能孤立地静止地就事论事，而要全面地、综合地分析，找出发生故障的原因，及时而准确地排除故障。水泵运行中，值班人员应定时巡回检查，通过监测设备和仪表，测量水泵的流量、扬程、压力、真空度、温度等技术参数，认真填写运行记录，并定期进行分析，为泵站管理和技术经济指标的考核，提供科学依据。

2.5.2.1　运行中应注意的问题

（1）检查各个仪表工作是否正常、稳定。

（2）检查流量计上指示数是否正常。

（3）检查填料盒处是否发热、滴水是否正常。

（4）检查泵与电动机的轴承和机壳温升。

（5）注意油环，要让它自由地随同泵轴作不同步的转动。随时注意倾听机组声响是否正常。

（6）定期记录水泵的流量、扬程、电流、电压、功率因素等有关技术数据。

（7）水泵的停车应先关出水闸阀，实行闭闸停车。然后，关闭真空表及压力表上阀，把泵、电动机表面的水和油擦净。

2.5.2.2　常见的故障及排除方法

水泵运行发生故障时，应查明原因及时排除。由于水泵故障及其故障原因繁多，因此处理方法也各不相同。机组运行中常见的故障及排除方法列于表 2.5.1。

表 2.5.1　　　离心泵、混流泵的故障原因及处理方法

故障描述	故 障 原 因	故障相应处理方法
水泵不出水	(1) 没有灌满水或空气未抽尽。 (2) 泵站的总扬程太高。 (3) 进水管路或填料函漏气严重。 (4) 水泵的旋转方向不对。 (5) 水泵的转速太低。 (6) 底阀锈住，进水口或叶轮的横道被堵塞。 (7) 扬程太高。 (8) 叶轮严重损坏，密封环磨损大。 (9) 叶轮螺母及键脱出。 (10) 进水管道安装不正确，管道中存有气囊，影响进水。 (11) 叶轮装反	(1) 继续灌水或抽气。 (2) 更换较高扬程的水泵。 (3) 堵塞漏气部位，压紧或更换填料。 (4) 改变旋转方向。 (5) 提高水泵转速。 (6) 修理底阀，清除杂物，进水口加拦污栅。 (7) 降低水泵安装高程，或减少进水管道的阀件。 (8) 更换叶轮、密封环。 (9) 修理紧固。 (10) 改装进水管道，消除隆起部分。 (11) 重装叶轮
水泵出水量不足	(1) 影响水泵不出水的诸因素不严重。 (2) 进水管口淹没深度不够，泵内吸入空气。 (3) 工作转速偏低。 (4) 闸阀开的太小或逆止阀有杂物堵塞	(1) 参照水泵不出水的原因，进行检查分析，加以处理。 (2) 增加淹没深度，或在水管周围水面处套一块木板。 (3) 加大配套动力。 (4) 开大闸阀或清除杂物
动力机超负荷	(1) 配套动力机的功率偏小。 (2) 水泵转速过高。 (3) 泵轴弯曲，轴承磨损或损坏。 (4) 填料压得太紧。 (5) 流量太大。 (6) 联轴器不同心或两联轴器之间间隙太小。 (7) 运行操作错误：如关闸长时间运行，产生热膨胀，使密封环摩擦引起	(1) 调整配套，更换动力机。 (2) 降低水泵转速。 (3) 校正调直，修理或更换轴承。 (4) 旋转填料密封。 (5) 减小流量。 (6) 校正同心度或调整两联轴器之间的空隙。 (7) 正确执行操作顺序，遇有故障立即停机
运转时有噪声和振动	(1) 水泵基础不稳定或地脚螺丝松动。 (2) 叶轮损坏，局部被堵塞或叶轮本身不平衡。 (3) 泵轴弯曲，轴承座或损坏。 (4) 联轴器不同心。 (5) 进水管口淹没深度不够，空气吸入泵内。 (6) 产生汽蚀	(1) 加固基础，旋转螺丝。 (2) 修理或更换叶轮，清除杂物或进行静平衡实验，加以调整。 (3) 校正调直，修理或更换轴承。 (4) 校正同心度。 (5) 增加淹没深度。 (6) 查明原因后再行处理，如降低吸程、减小流量或在水管内注入少量空气等方法

故障描述	故 障 原 因	故障相应处理方法
轴承发热	(1) 润滑油量不足，漏气太多或加油过多。 (2) 润滑油质量不好或不清洁。 (3) 滑动轴承的油环可能折断或卡住不放。 (4) 皮带太紧，轴承受力不均。 (5) 轴承装配不正确或间隙不适合。 (6) 泵轴弯曲或联轴器不同心。 (7) 叶轮上平衡孔堵塞，轴向推力增大，由摩擦引起发热。 (8) 轴承损坏	(1) 加油、修理或减油。 (2) 更换合格的润滑油，并用煤油或汽油清洗轴承。 (3) 修理或更换油环。 (4) 放松皮带。 (5) 修理或调整。 (6) 调直或校正同心度。 (7) 清除平衡孔的堵塞物。 (8) 修理或更换
填料函发热或漏水过多	(1) 填料压得太紧或过松。 (2) 水封环位置不对。 (3) 填料磨损过多或轴套磨损。 (4) 填料质量太差或缠法不对，填料压盖与泵轴的配合公差过小，或因轴承损坏、运转时轴线不正造成泵轴与填料压盖摩擦而发热	(1) 调整压盖的松紧度。 (2) 调整水封环的位置，使其正好对准水封管口。 (3) 更换或重新填缠填料。 (4) 加大填料压盖内径，或调换轴承
泵轴转不动	(1) 泵轴弯曲，叶轮与密封环之间间隙太大或不均匀。 (2) 填料与泵轴不摩擦，发热膨胀或填料压盖上得太紧。 (3) 轴承损坏被金属碎片卡住。 (4) 安装不符合要求，使转动部件与固定部件失去间隙。 (5) 转动部件锈死或被堵塞	(1) 校正泵轴，更换或修理密封环。 (2) 泵壳内灌水，待冷却后再行启动运行或调整压螺丝的松紧度。 (3) 调换轴承并清除碎片。 (4) 重新装配。 (5) 除锈或清除杂物

2.5.3 离心泵机组如何保养

2.5.3.1 水泵的日常维护

水泵的使用除了严格按照安装使用进行外，还应注意以下两点：

(1) 切忌仅凭"经验"行事。例如，水泵在底阀漏水时，有些机手图省事，在每次开机前，先向进口管口填些干土，再灌水将土冲到底阀，以使底阀不漏水。该方法看起来简便易行，但不足取。因为当水泵开始工作时，底阀内的砂土就会随水进入泵内，磨损叶轮、泵壳和轴等，严重影响水泵的使用寿命。正确的方法应该是对底阀进行检修，确定无法修理的，更换。

（2）发现故障要及时排除，切忌让机组"带病"工作。水泵填料漏气不仅使机组能耗过大，而且会出现汽蚀现象，加快叶轮的损坏，直接影响水泵的使用寿命。再如，发现水泵剧烈振动，应立即停机检查，若是水泵弯曲变形很可能发生安全事故。

2.5.3.2　水泵的日常保养

水泵机组和管路在使用一段时期后，应做好以下保养工作：

（1）放尽水泵和管道内的水。

（2）如果拆卸方便，可将水泵和管道拆下来，并清理干净。

（3）检查滚珠轴承，如内外套磨损、旷动、滚珠磨损或表面有斑点的都要更换。尚可使用的用汽油或煤油将轴承清洗干净后涂黄油保存。

（4）检查叶轮上是否有裂痕或小孔，叶轮固定螺母是否松动，如有损坏应修理或更换。检查叶轮减磨环处间隙，如超过规定值，应修理或更换。

（5）若水泵和管道都不拆卸时，应用盖板将出口封好，以防杂物进入。

（6）传动胶带不用时，应把胶带拆下，用温水清洗擦干后保存在没有阳光直接照射的地方，也不要存放在有油污、腐蚀物及烟雾的地方。无论在何种情况下，都不要使胶带粘上机油、柴油或汽油等油类物质，不要对胶带涂松香和其他黏性的物质。胶带在使用前，须清除胶带接触面的白粉。

（7）所有螺钉、螺栓用钢丝刷刷洗干净，并涂上机油或浸在柴油中保存。

2.5.3.3　水泵的安装

水泵的安装与校正是关键性的第一步，尽管水泵机组在出厂时已校正，但由于运输、装配等原因，会导致不同程度的变动或松动，因此，水泵在安装时要边安装、边校正。

（1）水泵的安装步骤如下：

1）清除底座上的油腻和污垢，将底座放在地基上。

2）用水平仪检查底座是否水平，允许用楔铁找平。

3）用水泥灌注底座和地脚螺栓孔眼。

4）水泥干固后应该检查底座和地脚螺栓孔眼是否松动，适当拧紧地脚螺栓，重新检查水平度。

5）清理底座的支持平面，水泵脚及电机脚的平面，并把水泵和电机安装到底座上。

6）检查和调整水泵与电机轴心线的重合度，检查水泵轴与电机轴中心线是否一致，两联轴器外圆的上下左右差值不超过0.1mm，可用薄片调整使其同心；两联轴器端面留间隙2～3mm。

（2）水泵安装注意事项如下：

1）水泵的实际吸水高程必须低于水泵的允许吸程。

2）水泵的进水管应该尽量短、直，在水平面上不得向上凸起或高于水泵，以避免水泵运行时增加汽蚀，降低效率。

3）水泵出水管口应适当扩大，并尽量接近出水的水面，过高或过低都会增加动力消耗。长距离输送时应取较大管径。泵的管路应设专用支架，不允许管路重量加在泵上，避免把泵压坏。

4）水泵底阀或进水管口距水源边缘的距离不得小于进水管的直径，进水管入水深度不得小于0.5m。安装2台以上水泵时，底阀或进水管口之间的距离不得小于2倍底阀或进水管的直径。

5）排出管路逆止阀应安装在闸阀的外面，扬程在20m以上的水泵均应安装逆止阀。

6）带轮的直径应根据转速计算确定，在按公式计算带轮直径时应考虑胶带打滑的因素，水泵对计算值作适当调整。

2.6 管网的档案管理

给水管网埋设于地下，属隐蔽工程，必须有完整的图纸和资料档案，以便日常运行管理维护、修理、扩建施工、新用水户安装等。

2.6.1 管网技术档案

（1）设计资料档案：包括管网初建和每次扩建、改造时的设计资料。主要有设计任务书、初步设计、工程总平面图、管网水力计算图及管道平面布置图、纵断面图、附属构筑物图等。

（2）竣工资料档案：初建管网、新装或改造的管道工程的竣工资料。

（3）旧有管道拆除、报废记录。

（4）历次测压记录。

（5）用户接支、户管技术资料。

（6）管道爆管、损坏、维修记录资料。

2.6.2 室外给水管网图

室外给水管网图见图 2.6.1，比例应不小于 1/500，可分幅绘制。每月、季进行删补。有变化及时补充。

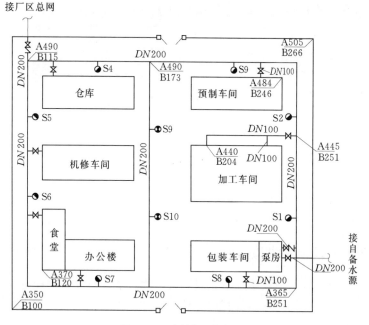

图 2.6.1　室外给水管网图

图中标注：包括管道位置、管径、材质、节点号和坐标、埋深、闸阀、水表、消火栓位置、用户接管位置等。

2.6.3 设备管理卡片

设备管理卡片（见图 2.6.2）包括以下几种：

（1）闸阀卡片：按闸阀编号建卡，与图中编号一致。卡片上填写编号、位置坐标、口径、型号、生产厂家、日期、检修记录等。

图 2.6.2 设备管理卡片

（2）减压阀卡片。

（3）进排气阀卡片。

（4）消火栓卡片。

（5）村级、用户水表卡片。